エコまち塾
ECO-MACHI JUKU

伊藤滋・尾島俊雄・江守正多
中上英俊・末吉竹二郎・佐土原聡・村上公哉
髙口洋人・川瀬貴晴
小林光・小澤一郎・吉見俊哉

エコまちフォーラム

鹿島出版会

これからのまちづくりで特に大切なのは、環境性と防災性を高めることです。
そしてもう一つ、文化性を高めて都市の質を上げていくことです。
まちづくりは一人ではできません。
多くの人々の叡智を集める必要があります。
多くの叡智に触れ、そしてお互いに手を携えることで難しい問題にも立ち向かい、みなさんが心から良いと思えるまちづくりをしましょう。

2016年3月

エコまち塾長・早稲田大学特命教授

伊藤滋

『エコまち塾』の発刊にあたって

　私たちが暮らす"社会"、その器である都市やまちには、安全性（safety）、保健性（health）、利便性（convenience）、快適性（amenity）などの生活の質と、その総体としての「環境的・経済的・社会的持続可能性（sustainability）」が求められます。

　"エコまちづくり"という言葉には、生活の質を高めるとともに、環境負荷を抑えながら経済活動の健全な発展をうながし、持続的に成長を続けられる"社会のしくみ"づくり、という意味が込められています。その実現には環境・エネルギーの観点のみならず、さまざまな領域のステークホルダーの参加や知見の持ち寄りが欠かせません。そのような思いから、都市やまちづくりに関わるさまざまな領域を横断して議論できる「エコまち塾」の創設を考えるに至りました。

　そして、都市分野の第一人者である伊藤滋先生を塾長に、尾島俊雄先生を特別講師にお迎えし、さらに塾生がワクワクするような都市、建築、環境、エネルギー、経済、社会など各領域のキーパーソンを講師にお迎えし、2014年5月に開塾しました。幸いに多くの塾生や一般の方々を含めて全14回延べ約1800名のご参加をいただき、初年度の塾を盛況のうちに終えました。そして、各領域の第一人者による講義は、塾生をはじめとする受講者に、広い視野角と新たな知をもたらしました。

　この貴重な知の集積を広く社会に提供したいと考え、書籍化したのが本書『エコまち塾』です。深刻化する地球温暖化問題、グローバル化のなかでますます激化する経済競争や世界の都市間競争、少子高齢化時代の進展によ

る地方都市の消滅危機、東日本大震災を契機とするエネルギー問題、さらには南海トラフ地震や首都直下地震などの大規模災害に備えたレジリエンスなど、現在、日本は多くの課題を抱えています。本書がこれからの日本の社会づくり、まちづくりの一助になることを期待しています。

2016年3月

一般社団法人エコまちフォーラム理事長

芝浦工業大学教授　村上公哉

目　次

1　序
　　伊藤 滋（エコまち塾長・早稲田大学特命教授）

2　『エコまち塾』の発刊にあたって
　　村上 公哉（エコまちフォーラム理事長・芝浦工業大学教授）

BACKGROUND

8　地球温暖化リスクと人類の選択——IPCCの最新報告から——
　　江守 正多（国立環境研究所 気候変動リスク評価研究室長）

21　わが国のエネルギー政策の現在
　　中上 英俊（住環境計画研究所代表取締役会長）

33　経済的視点からみた環境政策——成長戦略とグリーン経済——
　　末吉 竹二郎（国連環境計画 金融イニシアティブ特別顧問）

SOLUTION

46　地球環境・防災とこれからのエネルギーシステム
　　佐土原 聡（横浜国立大学大学院教授）

59　都市再生におけるエコまちづくりの役割
　　——都市システムデザインとコミュニティシステムの構築——
　　村上 公哉（エコまちフォーラム理事長・芝浦工業大学教授）

74　環境不動産、普及の鍵は？——建築物の環境性能の向上と評価制度——
　　髙口 洋人（早稲田大学教授）

87　欧州における既成市街地のビル低炭素化
　　──ヨーロッパのZEB最新動向──
　　川瀬 貴晴（千葉大学大学院教授）

POLICY MAKING

104　協働を通じた、都市での環境取り組み
　　小林 光（慶應義塾大学大学院特任教授）

116　都市における温暖化対策・エネルギー対策をどう進めるか
　　──都市計画・都市づくりの役割を考える──
　　小澤 一郎（都市づくりパブリックデザインセンター理事長）

TOKYO 2020

132　東京都心の防災とエネルギー事情
　　尾島 俊雄（早稲田大学名誉教授）

143　東京の秘められた「文化資源区」
　　伊藤 滋（エコまち塾長・早稲田大学特命教授）

152　座談会：2020年への東京の都市環境と国際都市間競争力
　　伊藤 滋、尾島 俊雄、吉見 俊哉（東京大学大学院教授）

167　あとがきに代えて──エコまち塾を支えてくださっている皆様へ

BACKGROUND

地球温暖化リスクと人類の選択 —— IPCCの最新報告から ——
　　江守 正多（国立環境研究所 気候変動リスク評価研究室長）

わが国のエネルギー政策の現在
　　中上 英俊（住環境計画研究所代表取締役会長）

経済的視点からみた環境政策 —— 成長戦略とグリーン経済 ——
　　末吉 竹二郎（国連環境計画 金融イニシアティブ特別顧問）

地球温暖化リスクと人類の選択
―― IPCCの最新報告から ――

江守 正多（国立環境研究所　気候変動リスク評価研究室長）

ご紹介いただいた国立環境研究所の江守です。皆さんはこれからの「エコまち塾」の講座で、環境政策やエネルギー政策、あるいは都市におけるエコな街づくり、建物の省エネなどについて受講すると聞いています。第1講目として、地球温暖化の話をします。地球規模の文脈で話をしますので、これを一連の講座の下準備として皆さんで共有していただきたいと思います。

前半でIPCCでの温暖化の科学的な根拠を紹介し、後半で温暖化論争に関して僕の考えを述べることにします。

1── 既に明らかになっている気候変動

　IPCCは国連の中の一組織です。気候変動に関する政府間パネルIntergovernmental Panel on Climate Changeの略です。気候変動とか地球温暖化といったりしますが、僕は二つをほぼ同じ意味で使います。地球温暖化は温室効果ガスが増えて地球が暖まることですが、暖まるだけでなく、海面が上昇したり、雨の降り方が変わったり、生態系に変化をもたらします。温度以外にもいろいろ変わるというニュアンスをだしたいときに気候変動という言葉を使うというくらいの区別で、基本的には同じです。政府間パネルというように主体は各国政府です。

　IPCC自身は研究を行いません。世界中の科学者の論文を集めて、全体として何がいえるかを評価するのです。

　政策判断もしません。どう対策すべきかは社会、あるいは政治が決めることです。ただし、決めるためには科学的な情報が必要なので、そのための情

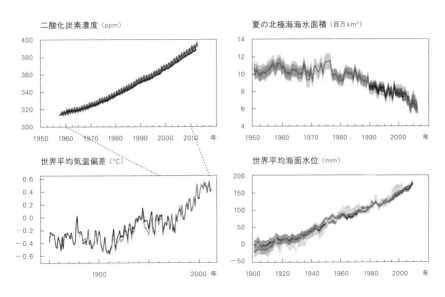

図1　温室効果ガス濃度と世界平均気温・海面水位は20世紀に急激に上昇している

報を提供するのがIPCCです。

IPCCにはWG（Working Group、作業部会）が三つあります[1]。この三つのWGが2013年から2014年にかけて第5次の評価報告書（Assessment Report）を発表しています。

では、図1をみながら、気候にどんな変化が起こっているかお話します。まず、大気中の二酸化炭素濃度です。ハワイのマウナロア山頂や南極で観測していますが、基本的に世界のどこで測ってもほぼ同様のペースで増えています。測り始めたのが1958年で、この時の濃度が310 ppm、これ以前、産業革命前は280 ppmということが知られています。今は400 ppmに達しています。4割以上増えました。産業革命以降、人類が石炭、石油、天然ガスを燃やして、大気中に二酸化炭素を排出してきたことによって増えたことは間違いありません。

---

[1] 第一WGから順に「自然科学的根拠」「影響、適応、脆弱性」「気候変動の緩和」で構成される。

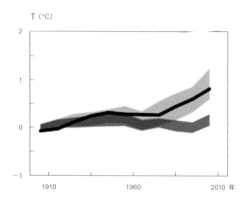

図2　20世紀半ば以降の世界平均気温の半分以上は人為起源の要因による可能性が極めて高い（95％以上）
黒：観測結果
薄グレー：自然要因（太陽＋火山）＋人為要因（温室効果ガス等）を考慮したシミュレーション
濃グレー：自然要因のみ考慮したシミュレーション

　つぎに世界の平均気温の変化です。過去100年で1℃弱上昇しています。気温は温室効果ガス濃度の影響以外にもさまざまな原因で、非常に不規則に変動しながら、長期的にみると1℃弱上がっているということです。

　気温が上がると氷が減ります。北極海の海氷面積は1900年と比べて半分くらいに減っています。また、陸上の氷の減少と海水の熱膨張により、世界平均の海面水位は過去100年で19 cmほど上昇しているのがわかっています。最近は年間3 mmのペースで上がっています。これも平均気温の変動と同様、年々でみると上下の変動がありつつ、長期的には顕著な現象として明らかになっています。

2――気温上昇の主要因は人間活動

　二酸化炭素が増えていること、地球が温暖化していることが明らかになりました。では、二酸化炭素が増えているから温暖化しているのか、という因果関係があるかどうかです。

　結論からいうと、第5次評価報告書では図2のように「20世紀半ば以降の温暖化の半分以上（主要原因）は人為起源の要因による可能性が極めて高い」としています。「可能性が極めて高い」という表現は95％以上の可能性をさしています。このいい方については、言葉の意味が決まっています。

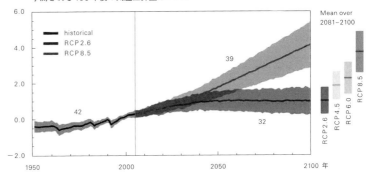

図3 予測される100年後の気温上昇量は?

300人以上の研究者が共同で報告書を書いていますので、可能性が高いとか極めて高いとかの意味が人によって違うのでは困るので決めているのです。7年前の第4次評価報告書にも同様の文章があって「可能性が非常に高い」でした。これは90％以上を意味します。さらにその前の第3次評価報告書では「可能性が高い」でした。これは66％以上です。IPCC報告書では回を重ねるごとにこの表現が強まっています。

3──何も対策を講じないと今世紀末に気温は4℃上昇

　将来の温度上昇の話をします。図3は世界の平均気温のシミュレーションの結果で、1950年から2100年まで描いてあります。線の上下の幅のあるアミ部分は予測の不確かさです。現在の科学では、温室効果ガスが増える量を具体的に想定しても、このぐらいの不確かさが残されるということです。
　縦の線が入っている2005年までが過去の再現、それ以降が将来の予測です。今回IPCCは4つのシナリオを想定しています。2005年から分かれている2つの線のうち、右あがりの線は温暖化対策を何もしなかった場合、ほぼ横ばいの線はめいっぱいの対策を講じた場合の2つのシナリオを示しています。前者は2050年前後には2℃を超え、今世紀末に4℃前後上昇して

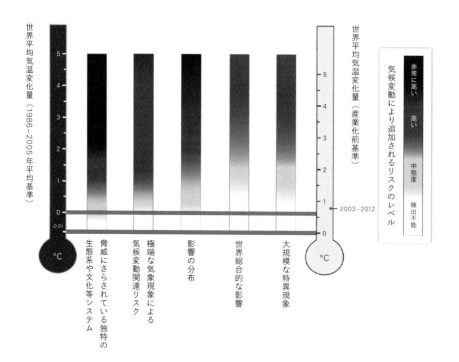

図4 気温上昇量と「懸念の理由」

います。後者は2050年には温度上昇が止まり横ばいで推移しています。

4——温暖化のリスクをどう理解するか

　温暖化すると異常気象が増え、その結果として健康被害の増加、洪水などの自然災害、干ばつによる農業への悪影響などがでます。異常気象とはいわなくても温暖化による海面上昇や生態系への悪影響などもあります。ではこれをどのくらい心配したらいいのか、という問題がでてきます。難しい問題です。

　これらの影響を全体としてどう理解したらよいかをまとめたのが図4です。左右に世界の平均気温の変化量を示す温度計。左が最近（1986–2005年）、右が産業化以前の気温を基準としていて、0℃の位置も0.6℃ずれて

います。間に5つのリスクの指標が示されています。左端の独特な生態系や文化への影響とは、たとえばサンゴの白化・死滅や北極圏のイヌイットの文化の危機などです。右端の大規模な特異現象とは、ある温度を超えたところで引き起こされる地球システムの質的変化で、海の循環の様子が変わったり、アマゾンの熱帯雨林が維持できなくなる心配です。棒グラフのアミの濃さはリスクのレベルを示します。上に行くほど（気温が上がるほど）濃くなってリスクが高くなっています。2本の横線は、下が産業化以前、上が最近の状況です。産業化以前ではどこも検出不能（リスクなし）ですが、最近では独特の生態系や文化のところでは中程度のリスクがすでに起きています。

5——「2℃」という気候変動対策の長期目標

2010年のCOP16（気候変動枠組み条約[2]第16回締約国会議）で合意された文章の中に「産業化以前からの世界平均気温の上昇を2℃以内に収める観点から温室効果ガス排出量の大幅削減の必要性を認識する」と述べられました。図4で示したようないろいろな科学的根拠があって、そこから2℃という数字が客観的にでてきたわけではありませんが、こうしたことを総合的にみながら社会の判断を加えて出てきた2℃という数字が現在掲げられているということです。

さきほどの図3にあったとおり、徹底的な対策をした場合には、かなり高い可能性で2℃以内に収まります。

6——対策の効果がみえ始めるのは30年先

我々が忘れてならないことは、徹底的に温暖化防止の対策を今から始めたとしても、その効果が現れるのは1年後や10年後ではないということで

---

[2] 大気中の温室効果ガスの濃度を安定化させることを目的に、気候変動に対する国際的な枠組を定めた条約。1992年6月に採択され、1994年3月に発効した。毎年、条約締約国による会議（COP）が開催されている。

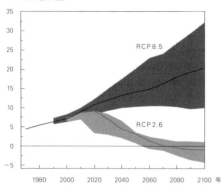

図5 「2℃以内」目標を達成する排出削減経路
今世紀前半／世界全体の排出量を現状に比べて2050年までに半減程度
今世紀後半／世界全体の排出量はゼロに近いかマイナス（バイオマスCCS等によりCO_2を大気から吸収して地中に貯留）

す。やっと30年先ぐらいに効果がみえ始める、という時間的なずれがあるのです。ですから、今の世代が長期的な目標をもって考えることができるかどうかが試されているのです。

では、この今世紀末までの温度上昇を2℃以内におさめる徹底的な対策というシナリオでは、どのくらいのCO_2排出量削減が必要になるでしょうか。

図5でRCP 2.6と書かれた薄いアミがそのシナリオです（RCP 8.5と書かれた濃いアミは何も対策をしない場合）。2050年には世界の排出量を半分に、今世紀末にはゼロかマイナスにしなければならないことがわかります。つまり世界中でCO_2を出さないような世の中にならないと、温度上昇を高い確率で2℃以内におさめることができない、という相当に大変なことを意味しています。

IPCC第5次評価報告書で初めて、世界の平均気温の上昇はCO_2累積排

---

3 世界の平均気温上昇量がCO_2累積排出量と比例するということは、気温上昇上限を決めれば、その上限から累積排出量の上限が決まってくる。仮に50％の確率で2℃以内を実現するためには、820ギガトンカーボン（GtC、10の9乗炭素換算トン）が上限の数字になる。人類はすでに515 GtC排出しているので、残りは約300 GtC。現在の世界の年間排出量は10 GtCであるから、今と同じくらいの量を毎年排出し続けると30年で達してしまう計算になる。図3で何も対策をしなかった場合には2050年ごろに2℃を突破しそうであるが、この数字をみるとだいたい辻褄があっていることが理解できる。2℃の温度上昇という天井を設定すると、それに達するのが結構近い時代であると感じられるだろう。

出量と比例するということがいわれました。つまり人類が過去から現在または将来にわたって排出したCO_2の総量で気温上昇の程度が決まってしまうということです[3]。

7——「切り札」バイオマスCCSは使えるか？

　省エネ、再生可能エネルギーなどの対策でCO_2排出量を減らすことはできます。しかし、世界のCO_2排出量をゼロにするということは可能なのでしょうか。幾つかの技術的アイデアが出されています。一つはバイオマスCCS[4]といわれる技術です。CCSはCO_2回収貯留、つまりCO_2を集めて地中に封じ込める方法で、すでに技術的には可能とされています。これをバイオマスエネルギーと組み合わせるのです。植物は育つときにCO_2を大気から吸収します。ここから、燃料として、あるいは発電してエネルギーを取り出すとCO_2が発生します。このCO_2を大気に戻せば差し引きゼロでニュートラルになりますが、地中に埋めればCO_2排出量はマイナスになります。つまり、大気からCO_2を吸って地中に埋めることを繰り返しながらエネルギーが取り出せるという理屈です。心配もあります。この植物を大量に栽培する土地があるかどうか、足りないと食糧生産との競合、生態系の破

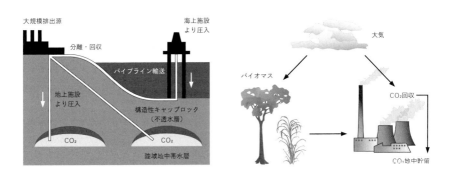

4　CCS（左図）とバイオマスCCS（右図）：CCSは、CO_2、Capture（回収）、Storage（貯蔵）の略。石炭や石油、ガスなどの化石燃料を燃焼させる大規模な産業プラントから排出されるCO_2を回収し、適切な貯留サイトに輸送した後、CO_2を地中深くに圧入する技術。

壊に繋がります。CO_2をどこに埋めるかも問題になります。

8—— 普通の対策では温度上昇は止められない

　もっと極端なアイデアを含めて、気候工学という考え方があります。大規模な工学的手法で気候をコントロールするアイデアの総称です。太陽放射管理（SRM[5]）とCO_2除去の二つのアイデアがあります。

　SRMは、太陽光が地球に入ってくる量を制御すれば、地球の温度は下がるという発想です。エアロゾル（微粒子）を成層圏に撒き、これによって日射を遮るのです。火山が噴火してエアロゾルが増えて地球の温度が下がるのは実証済みです。人間が飛行機などでエアロゾルを撒いて、それを真似しようというわけです。比較的安く実施できるといわれています。しかし、平均気温で辻褄があったとしても、気温の分布や雨の降り方が変わってしまう副作用があるかもしれない。海洋酸性化も問題になります。これは温暖化と並行して起きている問題で、海洋がCO_2を吸収し、海水が酸性化して生態系に悪影響を及ぼしています。SRMは温度を管理するだけですから、その間CO_2を出し続ければ酸性化の問題は続きます[6]。

　ですから単純にやればいいということでは決してありません。SRMはマッドサイエンス的な話に聞こえます。しかし、こうしたことを真剣に考えなくてはいけないという専門家が増えています。むしろこの問題は、普通の対策では止められないところまできていることを専門家が認識しているという、深刻さの表れだと私は思います。

5　SRM：Solar Radiation Management の略。
6　もっと心配されるのは終端効果であるという。ある時何らかの理由で、エアロゾルを撒き続けられなくなった場合、どうなるか。エアロゾルは地表に落ちてきてなくなるが、温室効果ガスは長期間大気中に残留する。そうすると、今まで打ち消していた温室効果ガスによる温度上昇が急激に立ち上がることになる。たとえば、10年で2℃といった想像できないほど急激な温度上昇が起こる可能性がある。

気候変動の悪影響	気候変動の好影響
熱波、大雨、干ばつ、海面上昇	寒冷地の温暖化による健康や農業への好影響
水資源、食料、健康、生態系への悪影響	北極海航路
難民・紛争増加？	など
地球規模の異変？	
など	

対策の悪影響	対策の好影響
経済的コスト	気候変動の抑制、悪影響の抑制
対策技術の持つリスク（原発など）	省エネ
バイオマス燃料と食料生産の競合	エネルギー自給率向上
急激な社会構造変革に伴うリスク	大気汚染の抑制
など	環境ビジネス
	など

表1　気候変動関連リスクを「全体像」で捉える。悪影響、好影響の出方は、国、地域、世代（現在―将来）、社会的属性(年齢、職種、所得等)によって異なる。

9──気候変動のリスクを「全体像」でとらえる

　そう考えると、人類はかなり追いつめられたところにいると感じています。放っておけば気候変動はどんどん進行します。温暖化に伴うリスクも嫌だし、その対策に伴うリスクも嫌だ、とはもういえない段階です。気候変動とそれに対する対策には、悪影響もあるし好影響も考えられます。

　表1は、それを整理したものです。温暖化の悪影響として熱波、干ばつ、水資源の枯渇、それによって難民や紛争が増えるのではないか、また温暖化対策の悪影響として社会構造・産業構造の変化で失業者の増加やデフレのリスクを指摘する人もいます。一方、温暖化の好影響として北極海の氷が減れば航路が開拓できる、温暖化対策の副次的な好影響として省エネが進み、エネルギーの自給率の向上や大気汚染が防げる、新しいビジネスチャンスも生まれる、という見方もあります。

　温暖化が進んだときにどんな影響が出るかは、国によっても世代によっても異なります。温暖化によって損をする人、得をする人。対策を講じたときにも損をする人と得をする人が出ます。単純な損得だけでなく、人の価値観

を含む複雑な問題です。これら全部を見渡したときに、我々はどんな方向性を決めるのかということなのです。大変難しい問題だと思います。

10 ── 対策の積極派と慎重派

　最後にお話ししておきたいのは温暖化の論争についてです。対策の積極派と慎重派に分かれているようです。

　積極派は、「温暖化の影響は将来の人類のみならず、今生きている我々にも莫大な損害を与える。大規模な対策は実現可能であり、経済的コストはそれほど大きくないどころが対策の推進で新たなビジネスも生まれる」という主張です。一方、慎重派の主張は「積極派がいっている大規模な対策は膨大なコストがかかるうえ、コスト以外のさまざまな問題があるので現実的でない。温暖化の影響には良いことだってあるし、悪い影響もそれほど深刻なものであるかは疑わしい」というものです。

　このような論争が進むと、何が正しいのか、何を議論しているのかわからなくなりがちです。私は、どちらかのリスクを無視するのでなく、どのリスクを選んで、その選んだリスクをどのように管理していくか、そうした考え方を社会全体でこれから議論していくべきだと思っています。

　そうすると今度は、その社会で誰がそのリスクを選ぶか、取るべきリスクは誰がどうやって決めるかという問題が生じます。ここにも対立構造が出てきます。

　テクノクラシー支持とデモクラシー支持です。前者は、市民の意見は感情的で非合理的だから、知識を持った専門家や官僚が合理的に判断すれば良い。後者は、エリートは自分の利権やメンツを優先するので、主権をもった市民が民主的に判断すればよい、というものです。

　これはどちらが正解という問題ではありません。ただ、ここで指摘しておきたいのは、単純なエリート主義（テクノクラート主義）ではうまくいかなくなっているのではないか、そうした事例が増えていることです。

11——専門家が単純に「正解」を供給できなくなっている

　専門家が単純に正解を供給できなくなっているのです。その例をあげておきます。

　1996年に生じたイギリスのBSE（狂牛病）の問題で、歴史的にも重要な例とされています。専門家の委員会でBSEは人にうつらないと判断され、行政がそう発表しました。しかし現実は人にもうつったわけで、専門家不信・行政不信が起きたのです。その時にイギリスの科学コミュニケーションに関する考え方が大きく転換したといわれています。それまでは、一般市民は科学的な知識が欠如しているので過剰に心配する結果、専門家と違う判断をしてしまう。科学的な知識を注入して欠如を埋めれば専門家と同様な判断ができるようになる、という考え方でした。これを欠如モデルといいます[7]。

　BSE以降は、対話モデル、双方向の対話が必要であるとなったのです。一般市民は科学的な知識は十分もち合わせていないが、それぞれの立場でまっとうな意見や視点をもっており、専門家では思いつかない発想もある。専門家はそうした点を学ばなければいけないのではないか。双方向のコミュニケーションの必要性が強調されるようになりました。

　どうしたらよいかという答えを僕ももっているわけではありません。ただ必要条件を二つあげることができます。一点目は、専門家がもっている質の高い情報を共有する必要があること。二点目は、社会の多様な人々の意見を聞く必要があることです。そして透明性の高いプロセスを経て、最後は間接民主主義の国であれば政治が責任をもって判断するべきではないか。今、そうなっていないとしたら、そうできるのか。僕は、一気候科学者の専門の範囲を超えて、むしろ一市民として非常に関心をもっています。

7　欠如モデルが失敗した例としては、2009年に起きたイタリアのラクイラ地震もある。小さい地震がたくさん起こっていたとき、専門家が大地震の予兆ではないと判断し、行政が安全宣言であるかのような発表した後に、大地震が起こって多数の死者がでた。専門家の委員会は過失致死で訴えられている。身近な例として、福島原発事故後の低線量被ばくの問題も指摘できる。一般市民のみならず、専門家の中でも安全だとする人と危険だとする意見が分かれている。

こうした仕組みを作る際に、関係者間相互の信頼関係の構築がキーになります。国内政策では、最近エネルギー基本計画ができました。専門家が議論して、パブコメ[8]をどう参考にしたかの一覧表も公表されましたが、基本的には政治家が議論して決定したということです。これは理想的なプロセスとどのくらい離れているのかを考えていきたいのです。エネルギー基本計画の最後に、双方向的なコミュニケーションが重要だと書いてあります。

　これがお題目に終わらないように、国内の政策がどのように決定されていくのか、ひいては世界的な気候の問題をどのように我々の世代が意思決定をして、どんなリスクを回避するためにどんなリスクを選んだことになるのか。選んだリスクをどう管理していくのか。そんな風にみていきたいのです。皆さんもそうした観点で興味をもち続けて欲しいと思います。

8　パブコメ：パブリックコメントの略。行政機関が命令等を制定するに当たり、事前に案を示し、その案について広く国民から意見や情報を募集するもの。

わが国のエネルギー政策の現在

中上 英俊（住環境計画研究所代表取締役会長）

私は経済産業省の総合資源エネルギー調査会の委員を足かけ25年務めています。わが国のエネルギー政策の現状についてお話ししたいとと思います。

1——第3次（2010年）と第4次（2014年）のエネルギー基本計画の違い

　まず、2014年の4月に策定された「エネルギー基本計画」を受けて、わが国は今後どの方向にむかうかということです。エネルギー基本計画は、今回で4回目の改訂で、私はすべての改訂に関わってきました。前回の平成22年（2010年）が第3次のエネルギー基本計画です。この前回と今回の内容を対比すると、今後の方向性が良くわかりますので、概要を紹介いたします。

　前回の議論は4つの柱からなっています。1番目が再生可能エネルギーの導入拡大です。2番目が原子力発電の推進。ここは今回と大きく違うところです。3番目は化石燃料の高度利用です。地球環境問題、CO_2の排出に直結するもので、省エネにつながります。そして、4番目は、電力・ガス供給の強化です。規制緩和によって、従来のエネルギーの供給システムを大きく変えていこうという動きです。これは今後、大きく様相を変えてくると思います。

　前回の基本計画にある原子力発電の推進について少し説明しておきます。2020年までに新規増設9基、設備利用率を約85％に、そして2030年までに少なくとも14基以上の新増設（設備利用率約90％）をするというもので、新増設と設備稼働率の両輪で原子力発電を活性化させようという方針です。90％の稼働率は韓国やアメリカとほぼ同じです。新潟の柏崎が止まってい

ましたし、設備利用率をできるだけ上げる方向でした。

　なぜこうなったのか。これはひとえに、当時の民主党政権で鳩山首相が国連で、わが国は2020年に1990年ベースで25％の炭素ガス削減を行うと声高らかに謳われてしまったからです。どのようにしたらこの目標がクリアできるのか、事務局も含めて延々と議論しました。しかし、10年ちょっとの時間ではとてもこの目標をクリアする具体的な計画がつくれなかった。その結果、経済産業省もやむなく計画を10年先に延ばし2030年をターゲットイヤーにして、数字を組み立てていったのです。

　その後、この計画はどうなったかといえば、東日本大震災が起こった2011年3月11日を過ぎて、水泡に帰しました。震災の前と後とで議論は大きく変わらざるをえなかったことは当然です。原発の推進から、原発依存度を可能な限り減らす方向へと大きく変わりました。

2──原子力電源比率、3つのシナリオ
　原発の発電低減分をどのエネルギーで賄っていくのかが、ひとつのカギになります。現在は、ほとんど化石燃料で置き換えていますが、中長期的には続けていけません。国民活動や産業活動を今後どのようにして変えていくのか、これが震災後に問われた選択です。本来は、今回のエネルギー基本計画で、この低減分を賄える計画書をつくるべきだったわけですが、完全にはこのシナリオを書ききれていないのです。

　計画書の作成にあたっては、3つのシナリオがありました。原子力の電源比率ゼロにするゼロシナリオ、15％シナリオ、20−25％シナリオの3つです。

　震災前の状況は、26％が原子力発電で、10％が再生可能エネルギーです。ただし、この再生可能エネルギーとしているうちのほとんどすべてが大型の水力発電です。みなさんがご関心をおもちの再生可能エネルギーは全体の1％弱。残り63％が火力です。

前回の2030年で25％を超える炭素削減シナリオでは、原子力45％に対して再生可能エネルギーは20％です。63％あったCO$_2$発生源である火力を35％に減らすシナリオを書いたのです。ここでも再生可能エネルギーが10％−20％になっているのは、2倍になったわけではなく、大規模水力がそのまま残りますから、1％弱であった全く新しい太陽光や風力、バイオマスで残りの10％、すなわち再生可能エネルギーを10倍以上に増やすというシナリオになっているのです。

　10倍にするということは大変なことです。このあたりもあまり議論されず、結局、このシナリオが崩れ、3種類のシナリオができたわけです。通常は優秀な事務方が数字を積み上げていきますが、今回はそういう作業はありませんでした。どのように決めたかというと、委員にアンケートをしたのです。結果として3つのシナリオが書きだされたわけですが、侃侃諤諤議論を重ねたものの、結果として決まらなかったのです。

　新しい基本計画ができていますが、この電源構成が決まっていないため、わが国の地球温暖化対策における目標値がだせず、大問題となっています。

3——日本の構造的課題

　私は中央環境審議会で、次のように発言しました。日本にとって、原子力は大変な問題でも、世界的にみると政策の上位概念としては地球温暖化対策があるわけです。したがって、前段に地球温暖化対策があって、それを受けてエネルギー政策を議論するということで、関係者で決めればよい、議論をすればよいと。そうして折り合いをつけていくべきではないか、といったわけです。

　ところが、前向きな答えは返ってきません。恐らく、それをやると原子力を逆にプロモートすることになるのではないか、といった違った議論になりかねないというおもんばかりもあるのだと思います。要するに、日本の場合、地球温暖化対策に関して、ほとんど具体的な議論ができていない状況で

す。

　では、第4次エネルギー基本計画で何が決まったのか。その話に入る前に、わが国が構造的に抱えている問題について、共通概念としてもってもらいたいと思います。

　基本的にわが国に資源はありません。極めて脆弱なエネルギー供給体制を引きずったまま、生きていかざるをえない。一方で、長期的にみると劇的な人口減少が進んでいきます。そのなかで、中長期的なエネルギーの需給構造をどうみるか。いままでは右肩上がりでみてきましたが、人口減少という縮小する社会において、どのように考えていくのか。産業構造を踏まえた大きな問題です。本来こうした部分をきちんと詰めたうえで、エネルギー構造のあるべき姿について議論すべきです。少なくとも、第1次、第2次のエネルギー基本計画では、仔細にシミュレーションをした上で、議論をしていました。ところが、ここ1、2回はそうなっていないのです。

　一方で、新興国のエネルギー需要が爆発的に増えています。中国をみるまでもなく、大変な勢いです。そうしたなかにあって、日本はエネルギーをすべて買ってこなければいけない。資源価格が不安定化しているなかでは、ますます日本の立ち位置は弱くなってしまいます。そして、世界の温室効果ガスの排出量は増加しています。

4──基本的方針は3E＋S

　もう一点、現在のわが国の電力供給の状況について、触れておきます。原子力の安全性に大きな懸念が植えつけられました。一方、化石燃料でそれを置き換えることによって、国富が流出し、供給不安が拡大しています。また、古い石油火力を活用し、かなり綱渡り的なオペレーションがなされています。電力料金の上昇が著しく、北海道では年間の電気料金の増分が10万円を超えるといわれます。それに伴って、温室効果ガスも急増しています。こうした大きな問題が増幅、加速しているのです。

基本計画では、エネルギー需給の基本的な方針として、3E＋Sと書かれています。安定性（Energy Security）、経済性（Economy）、環境性（Environmental Conservation）だけでなく、安心安全（Safety）を大事にしなければならないと強調されました。

　そこで「原発再稼働、再エネ導入等を見極めつつ速やかに実現可能なエネルギーミックスを提示」と書かれていますが、いまだ議論に立ちいっていません。原子力の問題を扱った途端に議論が別の方向を向いてしまうため、非常に慎重になっています。原子力は、今回の自民党政権では重要なベースロード電源という書き方がされました。電力需要は昼と夜と季節によって違い、電源にはベース・ミドル・ピークとあります。「原子力と石炭をベースロード電源とし、ミドル電源は天然ガス、石油といったものに置き換える。その中に再生可能エネルギーも組み込んでいく」と決まりました。

　つまり、どのエネルギーもおしなべて重要視しながら進めていく方向だけは示されたのです。

5――デマンドレスポンスの活用

　次に書かれているのが、「徹底した省エネ社会の実現とスマートで柔軟な消費活動の実現」です。ここには、部門ごとの省エネ取り組みを一層加速すべく目標をたてなさいと書かれています。そして、エネルギー供給の効率化を促進するデマンドレスポンス[1]の活用という新しい概念が入っています。デマンドレスポンスとは、たとえていうと、夏場の暑い時期でエアコンがフル稼働しているときに需要のピークになりますが、そのときには電気代を2倍、3倍にする、それでも使いますかということです。電気代が高くなるから使用量が減ることになって、デマンドが抑えられるわけです。抑えてもら

1　Demand Response：時間帯別の料金設定や、ピーク需要時の節電に対する支払いなどの仕組みを供給家側が提供することにより、需要家側の電力使用の抑制を促し、電力の需給バランスをとること。デマンドレスポンスはおおまかに、時間帯別料金等の電気料金ベースのものと需給調整契約等のインセンティブベースのものに分けられる。

うことで、逆にバックリベートを渡す制度もあれば、ただ単にセーブするやり方もあります。

　日本の電力会社は供給責任がありますから、夏の昼間は電気が足りないから電気代を高くするとはいえません。その代わり供給は必ず行うことを条件に、電力会社はいろいろな設備投資を行ってきました。ところが、東日本大震災以降、状況は簡単ではなくなりました。そのため、一部の電力会社は大口の需要家に対して、このデマンドレスポンスに近い方策をとって、需要を抑えてきました。基本計画では、こうした仕組みを積極的に取り入れていこうとしています。電力の自由化が進むなか、供給者の数が増えてくると、電力の売買が活発化し、こうした仕組みが一般化する可能性はあると思います。

6——世界で最も厳しいトップランナー制度

　業務・家庭部門の省エネルギーの強化という面から、トップランナー制度があります。これは、機器のエネルギー効率の基準を、基準を決める時点で、売られている商品のなかで最も高い効率の機器を基準とし、目標の年までにそれを超えたものでないと売ってはならないという制度です。みなさんお使いのテレビ、エアコンなど、20数品目がこの対象になっています。家庭の機器の約7割のエネルギー消費がこのトップランナー制度でカバーされています。世界でも最も厳しい制度といわれていますが、今回初めて建築材料にも適用しました。

　これまではエネルギーを消費する機器が対象でしたが、今回は、それを使うことで省エネが進む製品を対象にしたというユニークな制度です。ペアガラスや断熱材などが対象となっています[2]。

　また、新築住宅・建築物については、2020年までに省エネ基準を段階的

---

[2] 住宅の各部位のうち、窓など開口部からの熱の損失が最も多く50％、床、壁、屋根・天井からの熱の損失が31％、換気に伴う損失が19％である。トップランナー制度の対象となった断熱材、ガラス、サッシは、住宅の熱損失を抑える重要な部材である。

に義務化すると書いてあります。規模の大きい建物では2017年度から義務化される計画ですが、一般の住宅ではそうなっていません。しかし、先進国ではほとんど義務化されているのです。

7――わが国には住宅・家庭の基礎データがない

　今回新たに「業態ごとに細分化したエネルギー消費実態に対応した更なる省エネルギーの取組み」という計画が盛り込まれました。

　私はこの計画は非常に良いと思っています。これは、より細分化した業態ごとのエネルギー消費実態に応じたきめ細やかな対策が必要である、そのためには詳細なエネルギー消費実態の調査分析が必要であって、今後3年程度かけてでも行う、と初めて計画に明記されたのです。

　なぜかというと、わが国には住宅・家庭でどれだけエネルギーを使っているかという公式統計がないのです。いわんやビルもない。先進国でこのような国はありません。京都議定書から抜けたアメリカですら2回のオイルショック以降、国勢調査でエネルギー調査を行っています。日本では、こうした基礎データがないまま議論がなされている不思議な状況なのです。CO_2については、環境省が今年やっと、家庭での排出量データを試行調査することになりました。これによって、数年後にはかなり詳しいデータが出てくると思います。この調査ではエネルギー消費量からCO_2を算出しています。そういう意味では、エネルギー消費実態調査が計画されたことになりますので、画期的なことです[3]。

　産業部門では、それなりに省エネが進んでいます。しかし、深掘りしていけば省エネの余地は十分残されているはずです。とりわけ中小企業はほとんど手つかずの状態です。そして、業種ごとのエネルギー使用状況や管理状況

3　これまで家庭の詳細なCO_2排出データがないため、住宅のエネルギー消費についても、戸建てと集合住宅の区別がなくひとくくりの議論しかできなくなったのが現状である。相対的な比較では、集合住宅は戸建て住宅に比べて省エネである、ともっと強調してもよいはずだが、そのデータがないため誰も説明できなかった。

をみた場合、何が省エネのネックになっているのか、しっかり分析ができているかといえば、不完全です。

　省エネ法ができたことで相当の報告事項が上がってきており、膨大なデータになっています。このボリュームは、役所のスタッフの数ではとても解析できません。やはり、第三者機関に出して詳細に分析すべきだと思います。そして、企業自ら省エネを進めていくためには、何が必要か、積極的に提案してもらうことだと思います。

8──エネルギー管理サービスの活性化

　ESCO[4]事業を含むエネルギー管理サービスを活性化するにはどうすれば良いか、という問題があります。ESCOも非常に期待されて登場しましたが、最近はジリ貧状態です。私はESCO推進協議会を1999年に立ち上げて、10年以上経ちましたが、思うように進みません。これにはボトルネックが幾つかあります[5]。

　アメリカ、そして中国もアメリカに匹敵するほどESCOビジネスが活性化しています。中国の場合はジャブジャブのエネルギーの使い方をしていましたから、ESCOによって相当な投資回収効果が生じているようです。いずれにしても、日本のESCOもビジネスモデルとして活性化させていく必要があります。

4　Energy Service Company：省エネに関する包括的なサービスを提供し、省エネ効果（削減分）の一部を報酬として受け取る。サービスは以下で構成される。①省エネ診断と提案、②省エネ設計・施工、③導入設備の保守・運転管理、④エネルギー供給に関するサービス、⑤事業資金のアレンジ、⑥省エネ効果の保証、⑦効果の計測と検証、⑧計測・検証に基づく提案。長期間の契約期間中、省エネ効果を保証することが一般の省エネ改修工事と異なる点とされる。
5　「ESCO事業の普及に際しての阻害要因の実態把握」
　ESCO事業普及のボトルネック（阻害要因）には、ESCO事業者が提供するサービスが包括的で、経済性の見込める提案を行う点への市場の理解不足や、顧客の与信の問題、金融機関の対応、国の機関での調達制度など様々な課題があげられる。特に、中小顧客に対しては、ESCOが簡易省エネ診断を行っても実際の受注に至らないケースが多く、これらをアグリゲイトして営業コストを削減する等の方策が必要である。

9 ── 一般家庭の省エネは簡単ではない

　つぎに、家庭部門です。日本の一般的な家庭のエネルギー消費量はヨーロッパの半分くらい。アメリカは 2.5 倍で、つい最近まで 3-4 倍使っていましたので、だいぶ省エネが進んだことになります。ヨーロッパもアメリカも全館冷暖房です。ヨーロッパ（ドイツ、フランス、イギリス）は、日本の平均の 4 倍から 5 倍、暖房のエネルギー消費があります。既存住宅の暖房の省エネ改修をすると、相当浮くわけです。比較して日本は暖房のエネルギー消費が 5 分の 1 しかなく、一般家庭での省エネ改修は、なかなか簡単ではありません[6]。

　HEMS[7]については、現段階ではほとんどが特注になってしまい、コストが非常に高いという課題があります。これを一般化して安く導入するにはどうすれば良いか、周辺の IT 技術とどのように折り合いをつけるか、難しいところがあります。今後、スマートメータが一般家庭に普及してくると思います。こうしたデバイスと IT は相性が良く、整合性良く省エネが進む可能性があります。しかし、それまでの間どうするかです。

　スマートコミュニティ[8]政策では、そこに何を求めるかが重要です。この言葉は、日本ではエネルギーをうまく使うことをさしますが、海外では違います。IT 社会が登場したときに情報技術を使って、今までコミュニティは空間で仕切られていたが、情報技術により空間を超えたコミュニティができ

---

[6] 日本の暖房費は平均で 3 万-4 万円。北海道が 7 万-8 万円。光熱費全体では年間平均 20 万円（単身世帯除く、子供あり世帯の平均）。既存の戸建て住宅の省エネ改修は 100 万円では収まらない。断熱材そのものは安いが、壁自体を工事しなければならない。二重ガラスにしても、窓枠を入れ替える場合には、周りの壁工事が必要になる。その工事費が高くつく。以前、船橋と下北沢で試験的に省エネ改修の工事をしたときには、船橋のケースで 300 万円の費用を要したがその家庭はもともとの暖房代は 3 万円以下であった。よく、既存住宅の省エネ改修を進めなければいけない、と盛んにいわれる方がいるが、こうした実態を理解する必要がある。

[7] Home Energy Management System：情報通信技術を活用し、エネルギーの使用量や太陽光発電の発電量・売電量などを可視化（見える化）したり、機器の制御を行ったりすることで、家庭のエネルギー利用の最適化を図るシステム。

[8] 情報通信技術を活用しながら、再生可能エネルギーの導入を促進しつつ、電力、熱、水、交通、医療、生活情報など、あらゆるインフラの統合的な管理・最適制御を実現し、社会全体のスマート化を目指すもの。

産業部門	業務部門	家庭部門	運輸部門
規制措置（省エネ法）			
事業者（エネルギー使用量1,500kl以上）の省エネ措置（定期報告）、年1％の削減努力			荷主・輸送事業者（一定規模以上）の省エネ措置（定期報告）等
住宅・建築物（300 m² 以上）について建築時に省エネ基準の遵守（届出）			
	住宅・建築物（300 m² 以上）について建築時に省エネ基準の遵守（届出）		
	家電の省エネ性能の表示等		
支援措置（予算・税制等）			
省エネ設備の導入に際しての補助金・利子補給等			
省エネ設備の導入や省エネビル建築に際しての税制（特別償却）等		住宅リフォーム減税等	クリーンエネルギー自動車の導入補助等
中小企業向けの省エネ診断			エコカー減税等
省エネ技術開発への補助金等（高性能ヒートポンプ、高性能断熱材等）			
省エネ意識の向上に向けた情報提供・国民運動（フォーラム活動等）の推進等			

図1　わが国の省エネルギー政策の全体像

るということをさしています。この点を誤解なく取り組むことが大事です。

10——電気需要の平準化

つぎに、わが国の省エネ対策がどうなっているか簡単に説明します。政策の全体像を図1に示します。規制的措置と支援的措置があり、都市に関わるものは業務と家庭です。このうち省エネ法でカバーできるのは、住宅・建築物は300 m² 以上です。ですから、一般の戸建住宅はほとんどここから漏れていますので、現在、国土交通省、経済産業省、環境省も入って検討中です。

トップランナー制度、省エネ性能表示などの規制措置、支援的措置として、住宅リフォーム、エコカーの減税、その他補助措置があります。工場、運輸、住宅・建築物それぞれに省エネ法で責務が決められています。

今回の省エネ法改正の大きなポイントは、電気需要の平準化の推進でした。これは、電気需要の多い時期・時間帯のピークをカットしたとき、その努力を勘案するというものです。従来の省エネはエネルギー消費を全体的に減らすことが目的でしたが、今回の場合、電気の平準化を省エネ法上でカウントするというものです。これは省エネに直結しない場合があります。たと

えば、コージェネレーションだと50%を大きく超える効率で電気と熱が取れるので省エネになりますが、非常用電源や自家発電では20%台がザラにあります。したがって、自家発電で置き換えれば系統のピークは下がりますが、エネルギー消費は増えてしまい、省エネルギーに反する結果となることがあるわけです。そこで、法律の名前が変わって「エネルギーの使用の合理化等に関する法律」と「等」が付け加えられました。

11——消費者行動とエネルギー

今回の基本計画や省エネ政策からそれますが、重要なので消費者行動とエネルギーについて触れておきます。

人の行動・歴史・習慣・文化というのはエネルギーと密接に関係します。洗濯ひとつにしても、ノルウェーでは洗濯機の普及率は約65%。なぜなら、集合住宅では共同洗濯機の利用がもっぱらだからです。また、洗濯の水温は60°Cです。ノルウェーの水は硬水のため、石鹸が溶けにくいからです。また、ドイツでは洗濯の際に消毒をするので非常に高温です。エアコンのリモコンは、日本製のものは機能がたくさん付いていますが、国によっては、こうした機能は複雑で敬遠されることもあります。このような機器の使い方も含めて、消費者行動を見直して、エネルギー消費行動を検討することが重要なっています。私たちは現在、工学系だけでなく、社会学、心理学、教育学の先生にも入っていただき議論を始めたところです[9]。

最後に、私が省エネ小委員会に臨む際の基本的なスタンスを紹介し、結び

9　2014年6月に「省エネルギー行動研究会」が発足したので設立趣旨の一部を紹介しておく。
「東日本大震災の教訓を踏まえ、エネルギー供給体制の強靭化およびエネルギーの安定供給を図るための仕組みとして、エネルギー需給バランスの問題が重要課題となっていることからも、ハード面、政策面の整備と合わせて、人間の行動や意志決定に焦点を当てた省エネルギー行動研究が我が国でも非常に重要になってくると考えられます。
そこで、私たちはこの新しい分野である省エネルギー行動研究の普及促進ならびに啓発に取り組み、もってエネルギー利用の高効率化と地球環境保全に寄与に資することを目的として、『省エネルギー行動研究会』を立ち上げることと致しました。」

としします。政策的に省エネをしようとすると、どれに取り組めば省エネ成果が多いか、という議論になりがちです。しかし、10％の省エネをしようとするのではなく、1％の省エネを10個すれば良いではないか、といっています。10％の省エネならば予算が付くが、1％では付かないこともあるでしょう。しかし、総量の1％というのは大変なことですから、0.1％でも良いのです。それを100個、200個集めることが省エネルギー先進国といわれる日本の省エネの条件だと思っています。

経済的視点からみた環境政策
——成長戦略とグリーン経済——

末吉 竹二郎（国連環境計画 金融イニシアティブ特別顧問）

私は30年以上銀行員をしていましたので、金勘定は得意です。お金のことで世の中をみています。私はここ十数年、国連環境計画（UNEP）[1]と約300の世界の金融機関が一緒になって金融の改善に取り組んでいる「国連環境計画・金融イニシアティブ」において活動を続けています。

　21世紀は地球温暖化を中心に大きく変わろうとしていますが、この活動を通じて世界中のさまざまな場所をみていると日本は相当遅れていると思います。ですからその危機感をもってお話をしたいと思います。

1——IPCC第5次評価報告書抜きには語れない

　私はIPCCの第5次評価報告書の中身を抜きに、今後の地球温暖化対策は考えられないと思います。前回、江守正多氏が詳しくお話されたと思いますので、ここでは私なりに簡単に触れておきます。

　第1作業部会「自然科学的根拠」の報告では、95％以上の確率で温暖化が人為起源の要因であることが明らかにされました。この報告のなかで私は2つのキーワードに注目しています。一つは既定性。現在の気候変動は30年前、50年前に大方を決めてしまっている。逆にいえば、30年後、50年後の気候変動の在り方は現代の我われが決めているという既定性です。もうひとつは不可逆性。人為的な気候変動の大部分は、数百年から数千年の時間ス

1　UNEP（United Nations Environment Program）は、国連の機関として環境に関する諸活動の総合的な調整を行うとともに、新たな問題に対しての国際協力を推進することを目的として、1972年に設立された。多くの国際環境条約交渉を主催し成立させてきた。モントリオール議定書の事務局も務めている。

ケールで不可逆、つまり元に戻れないということです。

　第2作業部会「影響、適応、脆弱性」では、この数十年、気候変動がすべての大陸と海洋において、自然と人間のシステムに影響を引き起こしており、気候システムへの人間の干渉は明白である、としました。

　第3作業部会「気候変動の緩和」では、温暖化対策が現状維持のままであれば、地球の平均気温の3.7–4.8°Cの上昇をもたらすこと、気温上昇を「2°C未満」に抑えるには、温室効果ガスの排出を、2050年には2010年度比で40–70%削減、2100年には概ねゼロかマイナスにする必要があること、が明らかにされました。

　これから本格的なCO_2削減が日本に求められるのは間違いありません。日本は本当の削減に取り組む非常に大切な時期を迎えようとしています。

2——エコカーの時代

　こうした環境変化のなかで、世の中やビジネスの在り方もさまざまなところで着実に変わり始めています。

　まず、エコカーの話です。表1は2013年度に国内で販売された新車の車種別トップ10です。3つがハイブリッド車で、7つが軽自動車で、普通のガソリン車はひとつも入っていません。なぜこうしたことが起きるのでしょうか。当然、燃費がひとつの大きな要因と考えられますが、燃費が安いというだけでしょうか。現在、世界各国のCO_2削減のターゲットは自動車です。アメリカでは最大の排出源になっていますし、世界各地で自動車のCO_2排出削減のための燃費規制が始まっています。

　皆さんは、カリフォルニア州のゼロエミッションへの決意をご存知でしょうか。早くから州内を走る車はゼロエミッションにしたいと決めています。燃費が良いではなく、CO_2を出さない車に限る、というのです。カリフォルニア州にはCalifornia Advanced Clean Car Regulationという有名な法律・条令があり、2012年に始まっています。その第1段階では2025年まで

2013年度、国内の新車販売	(*HV、残りは全て軽自動車)
1　アクア（トヨタ）*	6　タント（ダイハツ）
2　プリウス（トヨタ）*	7　ワゴンR（スズキ）
3　N-BOX（ホンダ）	8　ミラ（ダイハツ）
4　フィット（ホンダ）*	9　デイズ（日産）
5　ムーヴ（ダイハツ）	10　スペーシア（スズキ）

表1　エコカーでなければ売れない？

に15％、つまり7台に1台はゼロエミッションカーにする、となっています。これは1970年のマスキー法[2]以来の自動車産業界を大きく変える出来事で、世界ではこうした変化が始まっています。

改めてこうした事態をみると、環境問題がビジネスのあり方をじわじわと変えつつあることを強く感じます。

3——それでも変わる、車社会

このように、自動車の環境への負荷低減は大きく進展していますが、ここでは、車社会自体が変貌し始めていることをお話しておきます。

先般、ロンドンへ出張しました。ここでは、有名な銀行が朝の通勤時間にお金を出して約1万台の貸し自転車を運営していました。自転車のシェアリングです。ロンドンのボリスジョンソンという市長は2018年から、タクシーの新規登録はゼロエミッションカーに限ると発表しました。市内の中心部では電気運行を義務化し、充電設備を4倍増するとしています（写真1）。

パリでも貸自転車（Velib、ヴェリブと呼ばれる）が2万台あるそうですが、最近では、その自転車から電気自動車によるカーシェアリング（Autolib、オートリブ）に移行し、現在、2,500台、約6万人が利用しています。この背景には、車社会を変えたいという意思が働いています。パリのイダルゴ市長

---

[2] 1970年大気浄化法改正法は、通称マスキー法（Muskie Act）と呼ばれる。アメリカ上院議員のエドムンド・マスキーの提案によるためこの通称が付けられた。とくに、自動車の排気ガス規制に関してこの用語は引き合いに出されることが多い。

写真1　ロンドンの貸自転車　　　　写真2　パリのEVシェアリング

が、2000年から2020年の20年間でパリ市内の車による人の移動を4割削減したいといいました。彼の主張は「まず、歩きましょう。だめなら自転車、つぎにバスか地下鉄の利用、最後は車。車はもつものでなく、乗るもの」ということです（写真2）。

　このように世界各地で自転車や電気自動車のシェアリングの動きが盛んになっています。車社会が変わり始めているのです。

4——グリーン消費者に訴える

　私はビジネスにとって最も影響力をもつのは消費者だと思っています。そして日常生活の変化は消費者に現れます。グリーンコンシューマーです。
　写真3はブラッセル（ベルギー）のマクドナルドでフィオレフィッシュを買ったときのものです。右のほうにみえるMSCというマーク（商品の包みにもマークが印刷されている）を探していたのです。これはMarine Stewardship Council（海洋管理協議会）の略。持続可能な漁業認証とエコラベル認証をしています。2012年に欧州で導入され、米国でも2013年に導入されました。
　一方、写真4は中国・上海のもので、マークはありません。マクドナルドがこのマークを付けたのは、欧州の消費者に密猟や乱獲でなくこの魚を取得したことを訴えて、支持を得たいということです。マクドナルドは全米で1、2位の水産物購入業者で、欧州で1年間に1億個のフィオレフィッシュ

写真3　ベルギーのフィレオフィッシュ　　写真4　上海のフィレオフィッシュ

を販売しているそうです。そのマクドナルドが、MSCを取得していない魚は購入しないといえば、水産業者はMSCをもっていなければビジネスができません[3]。

このように、グリーン消費者を巻き込んだ環境問題の解決にむけた活動が成果をあげ始めています。こうしたことに目をむけないビジネスは排除されていくでしょう。

5——いつの間にかに、自然エネルギー

そして温暖化対策といえば、再生可能エネルギー・自然エネルギーが非常に重要なテーマになります。

写真5は、奄美大島から戻る途中、飛行機内から撮影したものです。中央左に桜島が噴煙を上げていますが、右下にみえるのがメガソーラーです。私の故郷である鹿児島にメガソーラーが始まりました。実はこの敷地は造船所

[3] 世界の熱帯雨林を守るために、ニューヨークで1987年に設立されたNGOのThe Rainforest Allianceもグリーンコンシューマーの活動の例である。生物多様性の保全のためには、熱帯雨林を壊すような形の農業はやめさせる必要がある。写真5のアマガエルのマークは、熱帯雨林を保全しつつ適正な農業によって生産されたことを証明するもので、このマークをつけることで消費者の支持を得ていこうというもの。すでに世界の市場ではココアが10%、紅茶が13%のシェアをもっている。

写真5　アマガエルのマーク

写真6　飛行機から見た鹿児島のメガソーラー

が計画されていたのですが、競争力を失ったため長らく遊休地だった場所を利用したのです。

　私は、これは時代の変化がビジネスの形を変える象徴的な出来事だと考えています。日本中の多くの場所でこうした状況が生じる可能性が残されているのです。

　ＲＥＮ21[4]という団体が世界の自然エネルギーに関する各種のデータを発表しています。図1は、自然エネルギーへの投資を統計的手法も含めて調べた数値をグラフにしたものです。右肩上がりがよくわかります。2002年から2013年までのおよそ10年間で1650億ドル、日本円で約17兆円です。ですから、自然エネルギーの発電能力が増えるのは当然です。2013年末の

4　REN 21（Renewable Energy Policy Network for the 21st Century）は、21世紀のための自然エネルギー政策ネットワーク（本部：フランス・パリ）。世界の自然エネルギーに関するデータを収集し、発表している。「自然エネルギー世界白書2014」「世界自然エネルギー未来白書」等を編纂・発行。

図1 自然エネルギーへの新規投資（REN 21）

世界の自然エネルギーの発電能力は5億6千万kW、1年間で8千万kW増えています。原発1基分が100万kWとして80基分増えて、全体で560基分です。現在、世界で動いている原発は4百数十基。発電能力は原発を凌駕しています。

日本はかつて、太陽光発電では世界でトリプルクラウン（発電量、設備容量、パネル生産量で世界一）を続けていました。環境技術では世界一、という自負があったはずです。それが2005年にドイツに劣後してから、イタリアやインドより劣ってきて、日本は世界から置いてけぼりの状況です。このような結果を招いた理由は、政策が間違っていたのだと思います。

6——責任投資原則（PRI）という約束

このような生物多様性を含む地球環境問題は、すでに経済の問題になっているというのが私の意見です。ここからは経済と環境金融の話です。

最初にお話しした金融イニシアティブは1992年のリオサミットの折に生まれました。そこから20年以上活動しているわけですが、そのなかで特筆すべきは、2006年に金融イニシアティブが中心になって、責任投資原則（PRI：Principles for Responsible Investment）という原則を打ち立てたことです[5]。

株式投資はもともとお金もうけの手段です。株式投資は今日買うと3か月後には値が上がって経済的利益を得るから投資するわけです。投資対象企業

の判断にあたって、財務データ、つまり売り上げや利益がいくらか、という数字が判断材料ですが、それだけではなく、その企業が環境問題に取り組んでいるか、CO_2を減らそうとしているか、社会的責任を果たそうとしているか、といった非財務的要素を投資判断に組み込んで投資をしようという約束がPRIです。お金がお金を生ませる株式投資の世界に、そうではない原理原則をもち込んだのです。

PRIが生まれて、世界の金融機関がたくさん署名しています。2012年の時点で1,246機関が署名していますが、日本は総数で20くらいです。非常に少ないのです。

7──ESG投資の拡大

日本の公的年金の運用が問題になっていますが、それはお金儲けの問題です。しかし、お金儲けも大事だけれど、同時に投資対象企業がどのように売り上げを伸ばしたのか、何をやって利益を得たのか、そのバックグラウンドもよく理解したうえで投資すべきだと、世界はそのように変わってきています。そういう時代にGPIF（Government Pension Investment Fund：年金積立金管理運用独立行政法人）が株価を上げるために年金を株式に投入しろというのは、世界から3周遅れた考えだと私は思っています。

それに比べて、PRIは非常に大きな変化を呼び始めています。たとえば、環境（Environment）、社会（Society）、ガバナンス（Governance）の頭文字がESGですが、これらの要素を考慮した投資をESG投資と呼んでいます。このESG投資の投資資産の統計があります（表2）。2012年の世界における、環境その他の非財務的要素を大きな判断材料にしている投資資産の

---

[5] この金融イニシアティブの発足にあたっての興味深いエピソードがあった。リオサミットの準備をしていたUNEPが、その準備のために企業の参画を呼びかけたところ、そこに参画したのは製造業の人ばかりで、銀行員が一人もいないのに気が付いたという。そこで、これはおかしい、お金の流れに携わっている金融こそ、こうした問題にかかわるべきだということになり、とくにヨーロッパの銀行に呼びかけて、もっと金融機関が地球全体の問題に関与すべきだ、と要請した結果生まれたのが金融イニシアティブである。

世界	13.6兆ドル（全運用資産の21.8％）
EU	8.7兆ドル（49％）
米国	3.7兆ドル（11％）
アジア	0.6兆ドル（2.9％）
日本	100億ドル（0.2％）

表2　ESG投資の拡大

　総額が13.6兆ドル、日本円で1,400兆円です。この金額は、日本の上場企業の株式の全部を3回買えるくらいの大きさです。それらの資産がすでにESGを投資判断の要素にしているということです。現在、日本の株式投資の6割が外国人株主です。外国人株主にもっと株を買ってもらいたいと思うのであれば、利益が出ています、売り上げが伸びています、という説明だけでは納得しないでしょう。こうした変化が起きているなかで、日本のESG投資は惨憺たる状況にあります。

8——Green Banksの時代

　各種の金融機関が、グリーン産業に投資をし、また融資する流れは世界中で始まっています。それとは別の新しい流れも生まれています。Green BankあるいはGreen Investment Bankと呼ばれるもので、すでにある金融機関ではなく、イギリスで生まれたグリーンファイナンスを専門とする全く新しい金融機関が、このGreen Bankです。イギリスはこれに7,000億円以上の公的資金を投入して、洋上風力発電や環境負荷の少ない廃棄物処理場建設のために投資しています。つまり、グリーンビジネスを育てるために、世界最大の金融大国のイギリスがわざわざ新しい銀行をつくったわけです。

　こうした流れはいろいろなところに生まれています。日本でも、環境省のもとにグリーンファイナンス機構（通称：グリーンファンド）という機関が置かれました。ご存知のように現在、化石燃料に地球環境対策税[6]がかけられています。この税金は地球温暖化対策に使われるわけですが、そのごく一部がグリーンファンドを通じて日本国内の民間プロジェクトへ投資され始めてい

ます。投資目的は、CO_2削減と投資先地域の活性化のふたつ。いままで国家的なプロジェクトに公的資金が株式に投入されることはありましたが、民間、たとえばNGOに投入されることはありませんでした。公的資金を投入して、ハイリスクの部分を税金で補って育てていこうというものです。たまたま私に声がかかり、このファンドの代表理事をつとめています。

　地域振興や地方の活性化、あるいはエネルギーの安全保障を高めること、さらに産業の国際競争力を高めるためには、グリーンファイナンスが必要だと世界中で考えられ始めています。これは国の環境政策と産業政策が一体化しつつあることを示しているのです。

9 ── 企業の外堀が埋まる

　ちょっと皮肉ないい方になりますが、こうした時代背景のなかで、企業を取り巻く外堀がどんどん埋まっていると強く感じています。CDPという言葉をご存知かと思います。Carbon Disclosure Projectの略で、企業にCO_2に関する質問状を送って、その回答を公開するプロジェクトです。2000年、12年前にイギリスで始まりました。当時は、すでにCO_2問題が世界経済の波乱要因になると考えられるようになっていましたが、産業界や企業からCO_2に関する情報が全く出てこなかった。金融機関がどういう企業に投資や融資をすれば良いか、その判断材料が得られなかったのです。そこで、金融機関として知りたい情報の質問状を出して、得られた情報を共有しようとして始めたのがCDPです。現在は764の金融機関が合同で、世界全体で6,000社、日本は500社程度に質問状を送っています。最初はCO_2に関する質問だけでしたが、2010年に「水」、2013年には「森林」に関する

6　正式には「地球温暖化対策のための税」。再生可能エネルギーの導入や省エネ対策をはじめとする地球温暖化対策（エネルギー起源CO_2排出抑制策）を強化するため、2012年10月から段階的に適用されている。石油、天然ガス、石炭などの化石燃料の利用に対し、CO_2排出量に応じて広く公平に負担を求めるもの。2014年4月から2段階目の税率が適用され、「石油・石油製品」は1リットル当たり50銭、2016年4月からは76銭。

質問が加えられました。

　このような質問が世界の企業6,000社に送られ、企業がそれに答える。その答えが共有されランク付けされています。ですから、企業はこのような情報公開とともに社会と情報交換しないと、金融機関はもとより社会の企業への理解が進みません。企業の外堀が埋められているというのは、こうした状況を指しています。

10──国境を超えた規制

　今や規制は国境を越えています。たとえば、アメリカの小売業、ウォルマートがサプライヤーに要求するのは世界各国共通です。日本のサプライヤーが「いや申し訳ない、経済産業省はそういうルールは要求していません」では取引は成立しません。と同時に規制は低きから高きに流れます。低い規制と高い規制では、必ず高い規制に収斂します。

　皆さんが世界のマーケットでビジネスする場合、日本のルールが緩いからといって、そのルールをもち込むことはできません。あるいは発展途上国にルールがないからと低いルールをもち込んだら厳しいしっぺ返しを受けることになります[7]。

　このように、企業の競争条件が変わってきたのです。単純に性能やデザインの良い、価格の安いものを作れば競争に勝てる時代ではなくなっています。

　日本のある有名な経営者が、エコノミーとサイエンスと倫理、この三つが揃っていないと今後のビジネスは成立しない、と発言されていますが、その通りだと思います。本当の商品価値はそうした企業から生まれます。

　こうした面からいいますと、日本の企業は海外の企業に比べて非常に損な

---

[7] 規制の競争の例では、EU（欧州連合）のRoHS（Restriction of Hazardous Substances：危険物質に関する制限）がある。RoHS指令によって、2006年7月以降、化学物質の安全性評価が義務付けられ、指定された化学物質が指定値を超えて含まれた電気・電子機器をEU加盟国内の市場に出すことができなくなった。日本の企業がEUに輸出する場合も当然適用されるため、この規制を遵守しなければならない。EUは自らの安全のための規制をつくり、その規制を輸出しているともいえる。

競争を強いられています。というのは、これから社会を変えていくのに一番必要なのは政治の担保だと思います。将来日本がどういう方向を向くか、何をやるのか、という政治による担保がなければ、企業は長期な展望をもてず変わることはできません。日本の大きな政策がみえないが故にです。

11——21世紀はグリーンエコノミーの時代

　私が生まれ育ったのは戦後です。物不足で、食料も乏しく冷房も暖房もなかった。もちろん、新幹線もテレビもなかった。それから日本は経済成長を続けてあらゆる意味で立派な国になりました。その一方で、地球温暖化という問題を引き起こしていた。公害問題はあったにしろ、高度成長期に生物多様性や温暖化の問題を誰も考えていなかったと思います。

　OECD（経済開発協力機構）[8]も同様です。世界の先進国クラブでも、いかに経済成長するかにとらわれてきた。そのOECDが2011年5月に「Towards Green Growth」というレポートを出しました。このままでは自然がもたない。これまで自然が経済に与えてくれていたサービス、空気をきれいにする、汚れた川をきれいにしてくれてきた。しかし、自然の浄化能力がなくなれば、人工的に、つまり工場で浄化して排水せざるをえない。コストがかかることです。かつては経済の成長は多少のコストがかかってもベネフィットのほうが大きかった。でも今はそれが逆転を始めたのではないか。とすれば、世界は経済のモデルを転換する必要があります。それが「Towards Green Growth」、緑の成長です。

　21世紀のミッションは、20世紀の後半が引き起こして未解決のまま積み残してきた地球規模の環境問題の解決だと思っています。どう解決していくか、その取り組みが社会や経済のあちこちで始まっています。

8　Organization for Economic Co-operation and Development：ヨーロッパ、北米等の先進国によって、国際経済全般について協議することを目的とした国際機関。日本は1964年に加盟国となった。現在の加盟国は34か国。本部はパリ。

SOLUTION

地球環境・防災とこれからのエネルギーシステム
佐土原 聡（横浜国立大学大学院教授）

都市再生におけるエコまちづくりの役割
――都市システムデザインとコミュニティシステムの構築――
村上 公哉（エコまちフォーラム理事長・芝浦工業大学教授）

環境不動産、普及の鍵は？――建築物の環境性能の向上と評価制度――
髙口 洋人（早稲田大学教授）

欧州における既成市街地のビル低炭素化
――ヨーロッパのZEB最新動向――
川瀬 貴晴（千葉大学大学院教授）

地球環境・防災とこれからのエネルギーシステム

佐土原 聡（横浜国立大学大学院教授）

紹介いただきました佐土原です。私は30年ほど前、効率的で多面的な役割を果たせる都市のエネルギーシステムをどう構築できるか研究していました。平成に入ってからは防災の研究をしています。阪神大震災の現場にも随分と通って環境とのかかわりを読み取ることができました。最近は、生態系の問題と私たちの都市生活がどうかかわっているか、生態系のリスクという呼び方をしていますが、その研究に10年ほど取り組んでいます。

これまで、エネルギー、防災、生態系をどうつなぎながら総合的な取り組みができるか悩んできたこともあり、本日はそれらを整理してお話ができればと思っています。

1―― 地球環境問題と災害の関係

日本はいろいろな災害に見舞われてきました。近年では2011年の東日本大震災です。津波に被害を受けてがれきが大量に発生しました。がれきを処理する段階でCO_2を発生するので、災害を被ることは地球環境問題への悪影響の要因になります。エネルギーに関しては、原子力発電所が被災して火力発電に頼らざるを得なくなり、温暖化ガスが大量に発生して問題になっています。直近では、広島の豪雨でがけ崩れが起こりました。土砂が川を塞ぎ土砂ダムができ被害が発生しています。これは最近頻繁に大雨が降ることが原因で、また、森林が荒廃していることも災害を助長する原因となっています。

一方で、自然の要素が災害抑止に役立つこともみることができます。

1995年に発生した阪神淡路大震災のおり、公園の樹木が延焼防止に役立った場所が多く、また西宮の住宅街では、石塀は軒並み倒れて道を塞ぎましたが、生け垣はビクともしませんでした。普通の樹木で倒れているものもほとんどありません。樹木のもっているしなやかさが、被害を受けにくくしたことがみてとれます。こうしたことから、自然の要素を活かしたまちづくりがいかに大切か理解できます。

2——緩和策と適応策を併せた地球環境防災策

　こうした自然環境の要素、地球環境問題と災害を一つのチャートにすると図1のように整理できると思います。

　下の枠が私たちの暮らしている都市・地域の居住域、上の枠が地球規模で起きている問題です。図中のAの矢印が化石燃料の消費に伴う温暖化ガスの発生で、気候変動が起こり、居住域での高温化、風水害など地域気象変化につながり、災害が発生することになります。

　図中のBの矢印は、生物資源、生態系の連鎖を示しています。都市が大量に生物資源を消費し、それ自体は地域の問題ですが、経済のグローバル化により生物資源の需要が拡大し、生物資源の国際取引の増大、ひいては資源の乱獲などを引き起こします。日本では農業や林業が成り立たなくなり、放棄農地や森林環境が放棄されて生態系が脆弱化し、防災力の低下につながっています。地殻変動に関しては外部要因がなく地震となって起こります。

　これらが私たちのまわりで複合的に起こって災害のリスクを高める要因になっています。

　こうして整理してみると、外部環境へ影響をもたらす矢印を低減する緩和策、気候変動などの外部環境から受ける影響の矢印を低減する適応策が重要になってくることが理解できます。この緩和策と適応策を併せた総合的な対策に対して、我々の地域、足元からどのように取り組んでいくかが問われています。

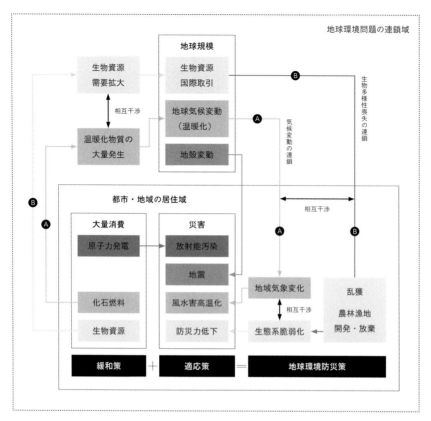

図1　地球環境問題と災害の関連の概念図

3——統合ICTを利用した協働

こうした整理のうえで、次のステップとしては、できるだけ現実の場に即して、科学的データを蓄積しながら地域の抱えている課題に取り組むことになります。分野や立場が異なる多くの人達が一緒に環境の状況を可視化しながら取り組むためにはICT[1]の利用が欠かせません。

地球環境を取り巻く、地圏、水圏、大気圏、生物圏、人間圏等の基盤データは一度つくれば地域で活用できます。ボーリングデータの蓄積を地質の専門家が解読しモデルをつくればそれを皆が活用できますし、水や大気の流れ

はシミュレーションでみることができます。私たちの都市の情報、人工環境でいうと、建物がどういう所に建っていて、どれぐらいのエネルギーを使っているかなどもみることができます。こうした社会経済分野のことも空間情報化して分かりやすくみていくことは、いろいろな人たちの視点を現場に即して議論することに役立ち、すれ違いになる議論が少なくてすみます。ですからこれからはさまざまな研究の知見をいろいろな地域で活用できるように可視化、データベース化していくことが大変重要です。

4── 協働のデザイン手法「ジオデザイン」

科学的、空間的に視覚化したデータを使って、地域のデザインをする方法にジオデザインという手法があります。アメリカで生まれました。ジオグラフィ（Geography：地理、地理学）とデザインを合わせた造語です。「ジオデザインのフレームワーク」という本が2年前に出版されました。ジオデザインは、デザイン専門家、地理学者（自然科学者）、情報技術者、地域住民（企業、自治体も含む）の4者の協働作業を必要としているということです。そのフレームワークを図2に示しました。4者が協働で図中の6番目までの手順を3回以上繰り返すというものです。さきほどのデータベースとこのような仕組みをうまく使っていくと協働のデザインに一歩近づけると思います。

以上が地球環境問題と災害の関係の整理です。

5── 生態系サービスを活かした地域づくり

生態系サービスとは、一言でいうと、生態系から人々が得る恵みのことです。生態系がもたらす恵みはいろいろありますので、それを4つに分けて整理しています。

---

1 Information and Communication Technology：日本語では一般に「情報通信技術」と訳される。ほぼ同じ意味を表わす言葉にITがあるが、ITが経済の分野で使われることが多いのに比べ、ICTは公共サービスの分野で使われることが多い。

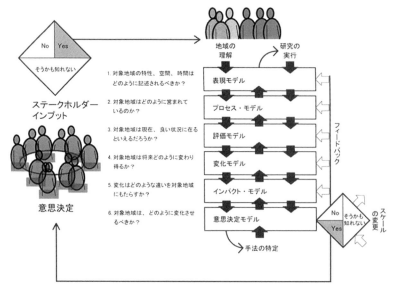

図2 ステークホルダー、ジオデザインチームとジオデザインのためのフレームワーク（出典：カールシュタイニッツ著、石川幹子・矢野桂司編訳、ジオデザインのフレームワーク、古今書院、2014）

　基盤サービス、調整サービス、供給サービス、文化的サービスの4つです。基盤サービスは、光合成、土壌形成などの基盤機能を指します。調整サービスは気候、洪水、廃棄物、水質などに影響するものを指し、がけ崩れやヒートアイランドを軽減するなど、環境の変化を吸収して調整する機能をいいます。供給サービスは、食糧、水、木材、繊維などの供給で、災害時の供給途絶対策にもつながります。文化的サービスは、レクリエーションや精神的な恩恵を与えてくれます。これからの都市では、これらの生態系サービスをどう守り活かすかということが求められています[2]。

[2] 生態系サービスを守る活動の例として、横浜市の取り組みがあげられる。横浜市では1916年、約100年も前から、水源域森林の乱伐による水源涵養機能の低下を危惧し、山梨県道志村の約3割の面積に当たる県有林を買収して所有している（泉桂子：第2章　横浜市水源林の歩みと現在、里山創生、神奈川・横浜の挑戦、pp.122-135、創森社、2011）。更に2009年にはみどり税を導入している。一般財源とは切り離して運用しているもので、市の緑を守るために、相続などで分断・分割されてしまう土地を買い取るなどにあてている。税金であるが、共有財産を守るための費用という位置づけになっている。緑や生態系を守っていく都市の人たちの費用負担の仕組みができている点が、先駆的な取り組みとして評価されている。

6──エネルギーシステムと都市づくり
　──緩和策の面から──

　エネルギーシステムの話に移ります。さきほど気候変動の緩和策と適応策に触れました。エネルギーの面からみると、緩和策は低炭素型で高効率なエネルギーシステムを構築するという平常時の対策で、適応策は災害時にエネルギー供給が途絶えないようにする対策といえます。

　まず緩和策です。電力の発生には発電損失や送配電損失を伴います。日本の火力発電所、原子力発電所は発電時の冷却水を得やすい海の近くにあって、遠隔地から都市部に電気が送られています。排熱損失が大きいのです。

　そこで、オンサイトで一次エネルギーを投入して発電と同時に排熱が利用できるトータルなエネルギーシステムの構築が重要になると思います。分散型電源の導入によるエネルギー利用の高効率化です。熱供給の導管を敷設するエネルギーの面的利用が重要な鍵となります。エネルギーの面的利用では、発電に伴う熱だけでなく、ゴミ焼却排熱や河川水、下水道などの未利用の熱を地域冷暖房プラントに集め、地域導管を利用して熱媒体である冷水や蒸気、温水として利用先に送ることもできます[3]。

7──エネルギーシステムと都市づくり
　──適応策の面から──

　次に災害への対応（適応策）の面からみていきます。

　2011年の東日本大震災では計画停電[4]と電力使用制限[5]を経験しまし

---

[3] 再開発地域や街区などに一括して地域冷暖房を行う大規模なものに加え、隣接する複数のビル間で電力と熱の融通を行う例として、横浜市で最初に採用されたＥＳＣＯ案件がある。スポーツ施設とリハビリセンター、総合医療センターの3つの施設をつないだもの。これらの施設は熱需要が多く、また昼と夜、休日と平日で電力・熱の需要が異なる施設である。その3つの施設が地下の駐車場で容易に配管をつなげることが可能だったこともあり、設備更新の際にＥＳＣＯ事業が実現した。天然ガスコージェネレーションシステムを導入し、電力及び温熱、冷熱を相互融通している。ＥＳＣＯ事業者が設備を所有・運転するもので、それぞれの建物の非効率な部分負荷運転も回避することで、エネルギー消費量（一次エネルギー換算）の17.8％削減を実現している。

た。このとき、災害時の電力供給で注目されたのが、六本木ヒルズ・エネルギーセンターです。

ここでは、通常、六本木ヒルズの各建物に、熱電可変型ガスタービン6（6,630 kW）を6基運転して、電気、冷水、蒸気を供給しています。必要な熱量のうち90％は発電時の回収蒸気で得ています。

東日本大震災後、東京電力に対して余剰電力（節電した電力）を1割程融通したのです。災害時に全く困らなかったことと、周りを助けることにつながったということで、六本木ヒルズの考え方は重要な取組みであると認められ、都市計画学会で表彰されています。

つぎにヨーロッパにおける先進的な地域熱供給や分散型電源の例をみていきます。

8──オランダにおける低炭素型地域熱供給事業

オランダは、もともと天然ガスの産出量が多く、熱供給事業にはあまり熱心ではありませんでしたが、最近ではコージェネレーションや工場の排熱による熱供給の計画が進んでいます。官民連携による低炭素型地域熱供給事業の例を紹介します。

デルフト市は2050年に「エネルギーニュートラル」を目標に掲げ、2030年時点の中期目標として、CO_2排出量を1990年比50％削減、再生可能エネルギー割合を25％に拡大するとしています。モデル地区を選定し、地域

---

[4] 大規模な停電を回避するために、電力会社が事前に用途、日時、地域などを定めて電力の供給を一時停止すること。地域を区分して順番に停止する場合は輪番停電ともいう。2011年3月14日－3月28日まで、東京電力管内で実施された。

[5] 電気事業法第27条に基づいて、契約電力500 kW以上の大口需要家を対象に電気の使用を制限する。2011年7月1日－9月9日、東京電力、東北電力管内で実施された。前年の同期間における使用最大電力から15％を削減するというもの。

[6] コージェネレーション導入では熱と電力の需要バランスが重要になる。ユーザーの中には季節や時間帯によって需要が大きく異なる場合もあり、熱電比率一定のコージェネレーションでは十分な導入効果が得られない場合が多かった。需要の変動に応じて熱電力負荷バランスを可変としたガスタービンが開発され実用化されている。

の天然ガスコージェネレーションによる熱や下水熱利用を組み合わせた低炭素型の熱供給を実施し将来的に住宅2万軒相当の規模にするという、PPP方式[7]による事業です。

事業主体のDHC企業（District Heating Company Eneco Delft）には、民間のエネルギー企業（ENECO）が98％、市が1％、3社の住宅企業連合が1％を出資しているのですが、面白いのは、この熱の生産、熱供給施設の整備・運営事業に対して出資した3者が同等の発言権をもっていることです。市はたった1％の出資で優先的に発言できるという官民連携の形態をとっています。

9——デンマークのエネルギー政策と分散型電源の普及

デンマークは、2050年までに脱化石燃料社会を実現するとして挑戦的な政策を推進していますが、興味深いのは、「気候・エネルギー・建物省」という、気候変動やエネルギー、建築物を一体として政策を推進する省があって、熱心に取り組む姿勢があらわれていることです[8]。

デンマークでは、地域熱供給法が1979年に成立し、発電所の廃熱利用を必須にしています。1980年代後半から90年代にかけ国策として都市圏の広域熱搬送ネットワークを整備して、2011年までに分散型CHP（Combined Heat and Power：熱併給発電所）を大変な勢いで建設し現在では695か所になっています。これで専用に化石燃料を焚くことは一切なくなったというこ

7　Public Private Partnership：公共サービスの提供に民間が参画する手法を幅広く捉えた概念で、民間資本や民間のノウハウを活用し、効率化や公共サービスの向上を目指すもの。
8　デンマークのエネルギー政策の目標は以下の通り（Danish Ministry of Climate Energy and Building（デンマーク気候・エネルギー・建物省）資料（2013）による）。
中期目標（2020年時点で到達すべき主要目標）：最終エネルギー消費の35％以上を再生可能エネルギー源とする（ただし、廃棄物発電と焼却熱は再生可能エネルギーとして扱われる。2020年時点でのごみ発電起源の電力供給目標は20％）／電力供給量の約50％を風力発電起源とする／エネルギー消費の総量を2010年比で7.6％削減する／1990年比でCO_2排出量を34％削減する
長期目標：2050年までに脱化石燃料社会の実現←最終ゴール／2050年までに既存建物のエネルギー消費を2013年基準で50％削減

とです。首都のコペンハーゲンでは、熱供給配管が市の中心部から40km郊外まで延びており、市内の98％が供給対象になっています。非常に高い普及率です[9]。

10──熱供給事業の形態とアベデョアCHPプラント

デンマークの地域熱供給事業の特徴は、生産と搬送、配給を担う事業者が分かれており、3層型になっている点です。熱の生産事業者は大きな発電所やゴミ焼却事業者で、搬送事業者に熱を買い取ってもらう。それをまた卸して配給事業者が熱を配る。搬送事業者は基本的に公共的なところが行う。儲けてはいけないことになっていて、利益は必ず還元します。公共的な役割を搬送事業者にもたせている点がうまくできている理由だと思います。

写真1はアベデョアCHPプラントで、デンマーク第2位の規模の発電所です。CHP総合効率は93％に達しています。大規模高温水貯湯槽が2基あり、高さは50mで、容量は22,000m^{3}もあります。発電廃熱蒸気と熱交換して100℃–120℃の高温水を市内の熱供給ネットワークに供給します。週末等の電力価格が安いときはCHPプラントを停止して、熱供給はこの貯湯槽のみで対応するなど、フル活用されています[10]。

もう一つ面白いのは、燃料の1/3を再生可能エネルギーで賄っている、しかも藁が6％を占めていることです。藁はとても体積があって扱いが大変ですが、こうした大きなプラントで処理できれば活用の場が与えられるということです。配管網さえ整備できていれば熱源を取り換えるだけで、一挙に再生可能エネルギーの率が上がるわけです。地域冷暖房にはそういう役割が

---

[9] 熱供給配管の普及率が上がった理由として、地域熱供給法の2000年の改正により、自治体が地域熱供給区域を指定し、指定区域内に立地する建物に対し接続義務を課すことができるようになった点があげられる（前掲注8文献）。

[10] ここで発生した電力は、ノルドプール（Nord pool、ノルウェーにある北欧圏電力取引市場、後述）とつながっている。したがって、CHPプラントはできるだけコスト効率の高い運転方法、たとえば、電力需要が低い夜間に熱の割合を増やして貯湯槽に貯め、朝のピーク時に使うなどの運用がなされている。

写真1 アベデョアCHPプラント(出典:アベデョアCHPプラント)

あるのです。

11——スウェーデンの熱供給ネットワーク
　——比較調査:デンマークとの制度の違い——

　比較のためにスウェーデンのマルメ市の例を紹介します。マルメ市は1980年代に経済的に困窮した際、それまで市の所有であった熱供給インフラを含むエネルギー事業をE.ON(エーオン社)[11]に売却したため、現在はE.ONが熱製造から販売までネットワークを独占して実施しています。25年の長期契約で市の清掃工場の熱を買い取っていますが、かなり単価が安いということで清掃工場の人は不満に思っているようでした。需要家にはデン

11　ヨーロッパ最大級の公益事業(パブリック・ユーティリティ)運営企業であり、世界最大の民営エネルギー供給会社。本社はドイツ、デュッセルドルフ。
12　個別熱源よりも安い理由:スウェーデンでは、家庭用の電気・ガスにはエネルギー税と炭素税が課せられ、地域熱供給が有利になる一因となっている。

	デンマーク	フィンランド	ノルウェー	スウェーデン
ガスタービン	0.2	0.8		1.6
発電用CHP	7.1	4.3		3.6
産業用CHP	0.7	3.4	1.1	1.2
専焼火力	1.6	2.2	0.5	1.6
原子力		2.7		9.4
風力	3.9	0.2		2.9
水力		3.1	30.1	16.2
合計	13.5	16.7	31.7	36.5

表1 北欧諸国の電源構成（出典：Nord pool、2013年） 電源容量：単位（100万kW）

マークのような熱の受け入れ義務はありませんが、個別熱源よりも安いため[12]、結果的に供給エリアの建物の97％が地域熱供給を受け入れています。

スウェーデン政府は、地域独占で地元の利益を損ねていると考え、熱生産と搬送を分離しようとしていますが、E.ON社は一体運営の方が熱料金を安くできるということで応じていません。デンマークとちょっと違う事情があることがわかります。

12── 電力取引市場と連携する熱供給ネットワーク
── ノルウェーの北欧圏電力取引市場設立の経緯──

ノルウェーが1992年にノルドプールという電力市場取引所を開設して、それが周辺国にも広がって今はイギリスも入っています。何故始めたかというと、表1の北欧諸国の電源構成に示したように、ノルウェーは電力の大半を水力発電で賄っています。水力発電は雪や雨が多い年は安定的に電気が得られて安くなりますが、渇水の時は電気が足りません。安定供給のために発電所をつくるかどうかを議論したときに、周辺と連携したら良いということで、ノルウェーから他の国に働きかけたそうです。フィンランドはいろいろなエネルギー源がありますし、スウェーデンも水力が多いですが、原子力もあります。デンマークは風力がかなり多く占めており、天候に左右される電源が多くを占めています。それも短期的な天候と長期的な天候とに分かれま

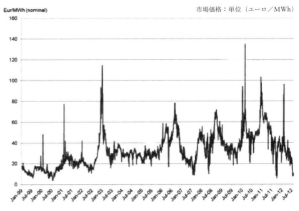

図3　1999年から2012年までの電力料金の動き（出典：Nord pool、2013年）

す。こういうものをうまく組み合わせれば発電所を新設しなくても、電力を供給できるのではないかということで始めたのです。

そして図3が1999年から2012年までの電力料金の動きです。全体として右上がりですが、季節的な変化や年による変化が激しく、安いときと高いときとで10倍程の価格差があります。火力発電所の場合にはタイミングを計って高く売れるときに大量に発電します。しかし熱が出てしまいます。ですから、熱はためておいて電力料金が安い週末に貯湯槽から熱供給して発電所は動かさない。そうやって、エネルギー生産者の経済性を高めるためのいろいろな工夫がなされています。そのために大きな貯湯槽が必要とされているのです。

ここまで、欧州ではゴミ焼却場や発電所の熱を広域で活用できる熱供給網の整備が進んでいる状況をお話ししました。デンマークでは熱供給事業が、生産事業者、搬送事業者、配給事業者と明確に分離されているのが特徴です。また、ノルドプールは、各国の電源構成の違いを活かした仕組みであり、広域熱供給ネットワークのスマート化と併せてCHP及び地域熱供給の競争力を高めるインフラとして機能していることが理解できます。

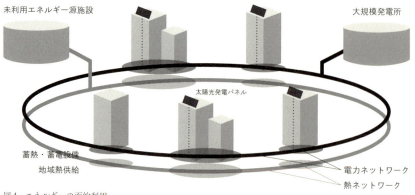

図4 エネルギーの面的利用

13——エネルギーの面的利用の社会

まとめにします。図4は今後の都市のエネルギーシステムをイメージしたものです。さまざまなマネジメントが可能な分散型システムが大規模システム（大規模発電所）と併存した姿です。エネルギーの面的利用の社会といえます。これまでは、電力供給やガス供給は、供給施設から需要家への一方向への流れしかありませんでした。それを電力と熱の供給をネットワーク化して、自律分散拠点を連携することにより、省エネ性・省CO_2性が向上します。同時に相互のバックアップによって、災害時にも供給信頼性が確保されることになります。

地域・都市づくりの面からは、地球環境問題の緩和策（平常時対応）と適応策（非常時対応）を同時に備え、さらにその品質を高めていかなければなりません。そのためには、研究者と地域のステークホルダーが協働で科学的な知見を十分に活かして取り組む必要があり、ICTはそのための強力なツールとなります。

大都市が間違いなく地球環境問題の最大の原因者（加害者）ですから、都市内はもちろんのこと、それを支える地域まで視野に入れた取り組みが求められています。

都市再生におけるエコまちづくりの役割
——都市システムデザインとコミュニティシステムの構築——

村上 公哉（エコまちフォーラム理事長・芝浦工業大学教授）

　エコまちづくりといいますと、低炭素化や省エネ化などにフォーカスされがちですが、基本的にはまちづくりです。したがって、総合的な意味でのまちづくりに、低炭素や環境面から関わっていくことが本来の姿であり、その意味ではエコまちづくりは都市再生の一つの要素といえます。

　そこでこれからの都市再生におけるエコまちづくりの役割やそのために必要な都市システムデザインについて、改めて考えてみたいと思います。とくに後半ではエネルギーの都市システムデザインについて述べます。

1——都市システムデザインの上手さが持続的成長に

　都市づくりやまちづくりを具体化するためには都市システムデザインが必要です。都市システムとは、都市行政、都市インフラ、都市内の建築物や各種施設、市民のライフスタイル（生活文化）やさまざまな地域文化などによって構築されるものの総体であり、それにより都市は機能します。各都市は、個々の都市システムをもち、その固有のデザインの仕方が都市の個性や魅力につながります。

　私は、都市再生とは都市システムの再構成であり、いかに上手にデザインし直すかが都市の持続的成長につながる、と考えています。

　そうしたなかで、地方自治体や市民には何が求められるのか。まずはトータルデザインの視点です。都市・まちの住環境には5つの基本理念があります。①安全性、②保健性、③利便性、④快適性、そして⑤持続可能性です。

　これらが相まって初めて都市のシステムとしてのトータルデザインになり

ます。つぎに、中長期的な社会動向を見据える視点です。

2──グランドデザイン2050から読む都市再生の指針

　今後ますます複雑化する社会動向を総合的に見据えることは困難です。そのひとつの参考になるのが、2014年7月に国土交通省から出た「国土のグランドデザイン2050──対流促進型国土の形成──」です。

　まず、人口の減少です。2014年で総人口のピークは終えており、いまの出生率が回復しないと2050年には1億人を切って、今世紀の終わりには半分以下になることが見込まれます。そして、2050年には高齢化率が25％-40％に。一方、世界の人口は、いま69億人で、今後どんどんと増えていきます。世界的には人口増で、日本は超高齢化、少子化社会にむかっていく。

　こうした状況に対して、2050年にむけて国土、あるいはまちづくりというなかで何を考えていかなければならないか。日本はどのようにして国際競争力を維持し、勝っていくのかということがまちづくりの課題です。

　アジアを中心とする人件費の安い新興国と工業製品の価格で争うことは厳しい。そこで、今後は知識、情報、金融、サービス、文化などのソフトをグローバルレベルで集められる装置として都市をつくっていくべきだということが、このグランドデザインのなかで示されています。

　また、日本が都市間競争で世界的に勝ち抜いていくには、地震を含め非常に自然災害のリスクの高い都市だといわれていますので、強大災害への対応、インフラの老朽化への対応の必要性も示されています。

　以上のような本格的な人口減少社会の到来と巨大災害の切迫などに対する危機意識を共有しつつ、2050年に向けて国土づくりをどうしていくのか。以下の6点があげられています。

1　急激な人口減少、少子化
2　異次元の高齢化の進展

3　都市間競争の激化などグローバリゼーションの進展
　4　巨大災害の切迫、インフラの老朽化
　5　食料・水・エネルギーの制約、地球環境問題
　6　ICTの劇的な進歩など技術革新の進展

　つまり、こうした点を総合的に見据えながら、都市再生の一環としてエコまちづくりを考えていく必要があります。単に低炭素化、省エネ化だけでなく、以上の問題意識を共有しながら取り組んでいくことが必要なのです。

3──都市システムの2層構造から3層構造への転換
　──3層目の共的装置「コミュニティシステム」──

　私が常々考えている都市システムの再構築における重要なデザインの視点がふたつあります。ひとつは、2層構造から3層構造への都市システムの転換です。図1はそのイメージです。左は既存とあるように、今の都市システム構造を示しており、「個的装置（以降「個」）」と「公的装置（以降「公」）」の2層構造です。「個」を住宅やビルに置き換えることもできますし、住民や家族にもなります。建築で考えると、建築設備という私的な装置があり、そこに空調・給水・排水・電気設備がある。「公」が整備する上下水道、電気供給、ガス供給などの都市設備に依存するかたちで「個」として機能できていることを示します。

　これには依存性の問題があり、「公」が機能していないと「個」が機能できない。また「個」の環境性能は「公」のそれに依存せざるをえない。電力を例にあげると、東日本大震災のあと、発電1kWhあたりCO_2排出量が0.3kg台から今は0.5kg台と1.4–1.5倍ほどになっていますから、「個」の側が電力消費量を減らしてもCO_2排出量はプラスマイナスで結局変わらなくなります。

　そこで私は、都市システムを3層構造に転換していくことを提言していま

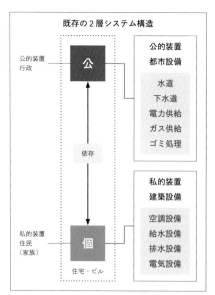
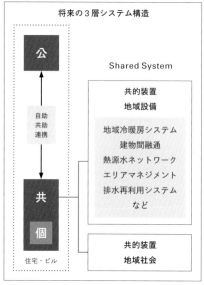

図1 2層構造から3層構造への都市システムの転換

す。その3層構造のイメージが右側です。「個」を含む「共的装置」を整備することで、「公」との関係を依存から相互連携的な関係にもっていくのです。この「共的装置」が都市システムを構成する「コミュニティシステム」なのです。

「コミュニティシステム」の一つが地域設備です。地域冷暖房、建物間熱融通、熱源水ネットワーク、さらに建物単体でのBEMS、HEMSによる管理をネットワーク化した地域のエリアマネジメントなどがあります。また、ソフト的装置には地域社会の共助がありますが、震災など非常時には地域のつながり、コミュニティの役割が非常に大きいといわれます。「個」を含む「共的装置」を今後何らかのかたちで整備していくことが、非常時の強靱化にもつながっていくと思います。

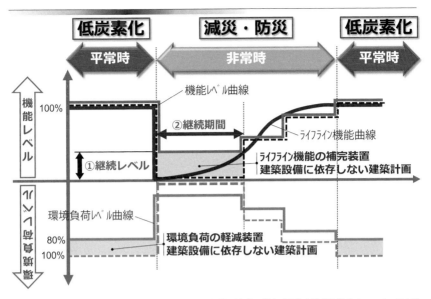

図2　平常時から平常時＋非常時へのシステム計画の転換（出典：村上「環境と防災と都市インフラ」日本建築学会総合論文誌 第6号、2008.2に加筆）

4——平常時＋非常時へのシステムデザインの転換

　もうひとつは、平常時のみから平常時プラス非常時へのシステムデザインの転換です。図2はそれを説明した図です。上が機能レベル、下が環境負荷レベルを示しています。濃いラインがライフライン機能で、点線部分と薄いラインが建物の機能です。平常時はライフラインも100％機能していますし、建物はそれに依存して100％機能できます。そこに、環境負荷を軽減するような装置や建築計画をすることにより、ここでは20％ほど環境負荷を低減できることを意味しています。今、ZEHやZEBでは20％のみならずニアリーゼロ[1]を目指そうとしています。

　このような平常時の想定のみで設計してきたものに対して、今後どのようなことが必要になるのか。地震などの災害発生時にライフライン機能は、

[1] ヨーロッパではZEBにNを付けてNZEBと呼ぶ。このNは、ネットではなくニアリー（nearly）、"ほとんど"、としており、ヨーロッパではZEBを厳格にゼロとはしていない。

いったん、ほぼゼロになります。そこから徐々に機能が回復していき、それに追随して建物の機能も点線のように変わっていきます。建物の機能がゼロになると困るので、何らかのかたちで建物に必要な機能を担うライフラインの補完装置が求められます。ただ、これらが別々のものではなく、平常時には環境負荷の低減につながり、非常時にはライフライン機能の補完機能になるものが今後求められてくるでしょう。このように平常時とプラス非常時を考慮したシステムデザインに転換する必要があると考えています。

5——京橋・日本橋地区に見る共的装置
　——京橋スマートコミュニティ——

以上の都市システムデザインのふたつの視点を学ぶのに京橋・日本橋地区は良い教材です。まずは、最近話題になっているスマートコミュニティの事例です。

清水建設本社ビルの周辺地区がそれにあたります。本社ビルは2012年の竣工で、平常時のエコの点ではCASBEE[2]のSランクで、CO_2削減62％と非常に環境に配慮したビルです。また、非常時のBCP[3]という点では、免震構造、マイクログリッド電源、地域の防災拠点として従業員のみならず帰宅困難者2,000人を受け入れます。そしてこのような建築単体の工夫だけにとどまらず、周辺街区の建物と地域熱供給を行い、さらには周辺地域一帯をエリアマネジメントによりスマートコミュニティ化していこうという構想であり、本事例は、まさに「建物（個）」を含む「地域（共）」でシステムデザインを行う3層構造の好事例といえます。

---

2 「CASBEE」（建築環境総合性能評価システム）は、建築物の環境性能で評価し格付けする手法。省エネルギーや環境負荷の少ない資機材の使用といった環境配慮はもとより、室内の快適性や景観への配慮なども含めた建物の品質を総合的に評価するシステム。評価「Sランク（素晴らしい）」から、「Aランク（大変良い）」「B+ランク（良い）」「B−ランク（やや劣る）」「Cランク（劣る）」という5段階のランキングが与えられる。

3　Business Continuity Plan（事業継続計画）の略。大災害などが起きた場合に、企業などが事業の継続や復旧を速やかに遂行するために策定される計画。

私は、2つの点からこの構想の成功に大きく期待をしています。ひとつは、再開発地区ではなく、既成市街地におけるシステムデザインであるということ。もうひとつは、日本の主要都市の中心市街地と建物の規模感や密度感が近いからです[4]。そのため他地域にエコまちづくりを広げていくという意味では、京橋・日本橋地区のシステムデザイン例は日本全体における波及効果が大きいと思っています。

6 ── 京橋・日本橋地区に見る共的装置
　── 江戸は共的町の集合体 ──

　もうひとつの3層構造の好事例が、昔の江戸の"まち"です。この京橋・日本橋地区は江戸の中心市街地でした。大江戸八百八町という言葉がありますが、町という共的装置の集合によって大江戸という都市ができあがっていたのです。

　江戸のまちは上からみると碁盤の目状になっていて、だいたい正方形の街区の集合体で土地割りがされて空間利用されていました（図3参照）。街区は基本的に約120m四方で街路に囲まれた部分になります。それに面するかたちで敷地割りがなされ、真ん中が会所地（共通の土地）でした。表面（おもてめん）に店舗があって、裏面に非常に小さい3-5坪の長屋、そこに井戸やトイレがあり、排水路があり、共通的な設備を使って人々は高密度な空間で暮していました。そして、通りを挟む両側で一つの町を形成していました。これを「両側町」といいます。

　特徴的なのは、まず防犯用の木戸です。夜になると両側の木戸を閉めます。そうすると「両側町」は閉じた空間になります。また木戸には梯子もあ

---

[4] 日本の代表的な中心市街地として大丸有（だいまるゆう：東京都千代田区にある大手町・丸の内・有楽町の3つの町を合わせたエリア。まちづくり協議会を設置し、地域の魅力づくりなども行われている）を最初にイメージしがちであるが、この大丸有は日本のなかでも非常に特異な地域で、延床面積が10万m^2以上の棟数が4割弱を占める非常にスケールが大きい地域であり、日本の一般的市街地の様相とは異なっている。

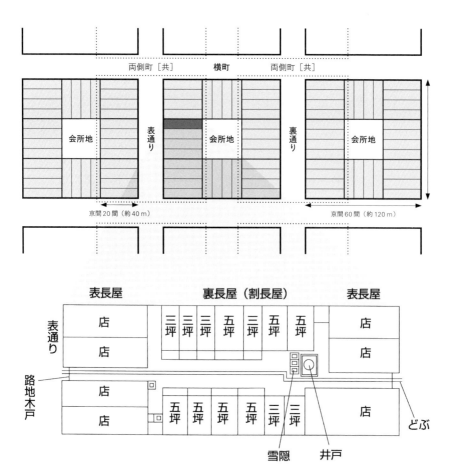

図3　江戸の町は共的装置（江戸の町の構成）（出典：中江克己「図説 江戸の暮らし」）

りますが、これは火事の見張り用です。また、それぞれの長屋の前には桶のようなものがありますが、これは桶ではなく水道で、ここから分岐して長屋の井戸に水を送るための呼び樋です。

　さらに、町内に家主の集まりがあって、そういう人たちがさきほどの木戸を作ったり、水道を引いたり、施設の管理修繕をしたり、防火活動などもやっていたのです。このように、江戸の町は「両側町」を核に、町民が自ら施設や生活インフラを整備したり、管理修繕をしたり、自分たちで防火や防

犯を担っていたのです。

 以上前半では、都市システムデザインの必要性と私が考えるその方向性について述べました。後半は、都市システムデザインのひとつであるエネルギーシステムデザインについて述べていきます。

7——地方都市のエネルギーシステムデザイン——鹿角市のケース——

 さて、システムデザインにおける地方自治体の役割は何か。とくにエネルギーについてどう関わるべきか。自治体は都市システムのなかでも上下水道や道路とは違って、エネルギーへの関与が弱いように思います。しかし、少しずつ自治体がエネルギーに関わっていく動きが出てきました。その例を紹介します。

 秋田県の鹿角市の計画案です（図4参照）。これは、総務省が地域振興と低炭素化を図るなかで、地方都市において分散型エネルギーインフラを普及させていく事業の一環としてつくられた構想です。鹿角市はもともと電力自給率が325％で、地熱発電が非常に盛んな地域で、既存の再生可能な電源が豊富にある地域です。しかし電力会社に売ってしまえば、地域内でせっかくエネルギーが生まれても、エネルギーの売買によるキャッシュフローが地域内で循環しません。

 そこで、市内の事業者が第三セクターとなって、かずのパワーという名のいわゆる地域の特定規模電気事業者（PPS[5]）の設立を計画しています。かずのパワーが自分たちの市内で、地熱発電でできた電気を調達し、それを東北電力の配電網を使って市内に配るというものです。想定している供給先は、庁舎、病院、避難所など44の公共施設です。この電気は再生可能エネルギーですから省CO_2です。しかし、鹿角市が狙っているのは省CO_2よりも、地域振興です。今まで電力会社に支払っていた公共系の電気料金が浮

---

[5] PPS：Power Producer and Supplier：一般電気事業者（10電力会社）の送電ネットワークを介して電気を供給する新規参入の電気事業者のこと。2016年4月から、住宅など50kW未満も含め全面自由化される。

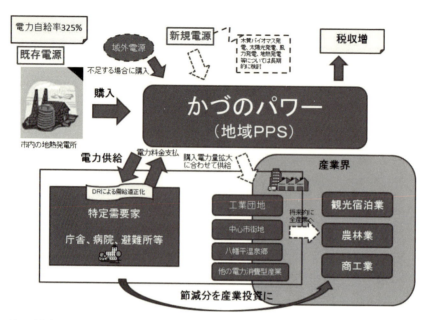

図4 鹿角市の地産地消エネルギー活用と地域振興のイメージ（出典：秋田県鹿角市「分散型エネルギーインフラ」プロジェクト導入可能性調査事業）

きます。その節減分を市内の産業投資に回そうという構想です。

　そして、もうひとつは、今後、市内において木質バイオマスなど新規電源も作りながら、その安い電力を供給することで工場や産業の誘致を広げて、最終的には税収増につなげていくということです。低炭素だけではなく、最終的には地域振興に結び付ける。鹿角市のエコまちづくりは地域経済の活性化を目指したものなのです[6]。

　このような計画が日本全体に潮流として起きると、エネルギーを介したエコまちづくりが全国にどんどん湧きあがってくると思います。

8——大都市のエネルギーシステムデザイン
　　——エネルギー計画マスタープラン——

　では、大都市の場合にはどうすれば良いのでしょうか。大都市では再生可

能エネルギーが少ないので、エネルギー産業を興すというのは難しいです。ではどうするのか。

　今後は都市計画マスタープランとともに地区ごとのエネルギーマスタープランを重ねることによって、最終的にそれぞれの地区でエコまちづくりが進んでいくのではないかと考えています。

　それではそのイメージを述べます。都市計画基礎情報を基にしたGIS（地理情報システム）を使うことで、建物規模やその集合の仕方、用途など、どのような地区空間から都市が構成されているかがわかります。この地区は庁舎や病院、学校が集合しているので防災拠点としてのエネルギーシステムを整備しようとか、公共施設が集積している地区であればエリアエネルギーマネジメントにより統括的に管理しよう、といったことです。

　また、年間熱負荷密度などのエネルギー分析を行うことで、地区のエネルギー需要もわかります。そして、その地区空間に対して、たとえば建物個別で冷暖房を実施する場合とそれらを面的に実施する場合とのエネルギーシステムシミュレーションを行い、面的の方が省エネだとなればこのエリアは面的整備にしてはどうか、となるわけです。図5に示すように、地区空間タイプごとに、個別システムと面的システムのシミュレーションを行い、面的エネルギーシステムの導入が有効である地区を抽出します。

　このような工学的アプローチからそれぞれの地区空間特性に適応したエネルギーシステム整備の方向性を都市計画エネルギーマスタープランとして示

6　地域エネルギーシステムを地域振興に結び付けているもう一つの例として鳥取市の構想があげられる。鳥取市では一般財団法人として「鳥取環境エネルギーアライアンス」を立ち上げ、以下の3つの要素で地域エネルギーシステムを構築する計画であるという。
　①鳥取電源開発で、太陽光や廃棄物、バイオマス発電、小水力といった新たな再生可能エネルギーによる電源開発を担う。
　②ここでできた電力を鳥取新電力が購入し、これを市内の需要家に小売りする。
　③鳥取熱電供給が、鳥取駅前で電気と熱のコジェネを使って供給する。
　鹿角市と同様にエネルギーのキャッシュフローを市内で循環させていく例で、環境に携わっている研究者にとっては、CO_2の低減量に興味がむかいがちであるが、結局ここも鹿角市と同じく、最終的には新産業の創出効果を狙っている。

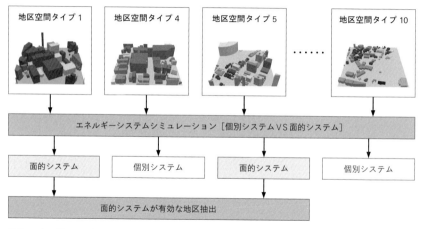

図5　エネルギーシステム・シミュレーション

していくことも、今後のエコまちづくりを推進していく上でひとつの有効なツールになると考え、今研究を進めているところです。

9——都市のエネルギーシステムデザインの先進国デンマークの取り組み

　以上、日本における都市のエネルギーシステムデザインへの期待を述べましたが、実際にはまだまだです。そこで、この分野の先進国であるデンマークを視察してきたので、紹介したいと思います。

　デンマークは橋でつながる大小の島々の集まりです。首都のコペンハーゲンは国の端にあり、非常に小さい。国の面積は4.3万 km^2、日本の九州と同じくらいの面積で、人口も562万人ですので北海道より少し多いくらいです。首都コペンハーゲンの人口は70万人、首都圏（グレートコペンハーゲン）の人口は120万人です。エネルギーの構成は、再生可能エネルギーが23％、石油が37％で、石炭も19％使っています。再生可能エネルギーの内訳は、風力発電が31％、藁が11％、ウッドペレットが37％、バイオマスが3％、廃棄物系が16％です。ただし、バイオマスのウッド系はスウェーデンなどから輸入しているということでした[7]。

まず、感じたことは、国のグランドデザインについて、政府の役割と自治体の役割、消費者の役割が非常に明確になっていること、そして、それぞれがその役割を実践していることです。国の役割として、再生可能エネルギーによるエネルギー政策でいかに省CO_2に取り組むかということを明確にしています。2020年にはCO_2排出量を1990年比で35％減らすということで、電力の50％は風力発電で供給することを政府が数値目標として示しています。そして、2030年にはコジェネレーション、あるいは普通の発電所では石炭を使わず、さらに、2035年には熱と電気の100％を再生可能エネルギーで賄い、2050年には電力と熱に加えて、運輸及び産業で使うエネルギーの100％を再生可能エネルギーで賄うことを目標としています。

実現できるかどうかは別にして、明確な数値目標を政府が示している点に驚かされます。デンマークでは、低炭素化が経済の発展につながるという考え方がベースにあり、単に環境だけではなく、最終的には国の経済発展を見据えています[8]。やはりエコは環境のみではなくトータルな施策なのです。

10——エネルギーシステムデザインにおける国・自治体・市民等の役割

コペンハーゲンの地域暖房システムは、それぞれの地区にさまざまな熱源

---

[7] 再生可能エネルギーの利用とともに興味を引いたのが、コペンハーゲンの通勤事情である。自転車通勤が盛んで、市内の交通の35％は自転車といわれていて、雨の日もカッパを着てまで自転車通勤がされている。非常に早いスピードで自転車専用道を整備したという。環境意識が高いということも一つの理由であるが、車の税金が高く180％で、普通に車を買うと3倍の値段になってしまう。政策によるものであろうが、非常にエコな通勤をしている印象を受けた。

[8] デンマークの担当者から説明を受けた際の施設についても紹介しておきたい。「State of Green」という施設で、デンマークのエネルギー政策・エネルギーインフラを海外に売り込むようなショールームを兼ねたプレゼンテーションルームになっている。デンマークがよいところは、文化的にお洒落な点で、ショールームの中にプロジェクタがありそれを見ながら説明を聞くのだが、椅子は写真のように階段状になっており、非常にデザインが洗練されている。都市の模型があり、都市内のどこでどのようなエネルギーがつくられ、住宅や建物に対して、どれぐらい供給できるかを示している。

から熱を輸送する幹線導管が敷かれ、地区内では枝管でそれぞれの住宅や建物に熱を配る構成になっています。デンマークの熱需要の50％がすでに地域暖房システムで賄われており、その63％が住宅用です。とくにコペンハーゲンでは熱の98％が地域暖房システムによるものとのことです。地域暖房システムを重要なインフラとして捉えていることがわかります。18の自治体がこれを所有し、4つの地域に対し25のカンパニーが供給しています。

中央政府は、費用対効果の最も高いエネルギー計画を策定することを決めています。そしてそれに基づき、自治体は地域熱供給と他の熱源とのエリアゾーニングを行います。このように自治体は都市計画と合わせて熱供給計画を立案しますが、自治体だけでは計画の立案はではできませんので、コンサルタントと連携して立案します[9]。そして、基本的には自治体やコーポラティブ（消費者協同組合）が事業主体になりシステムを運営しています。このようにデンマークでは、それぞれの役割が明確になっているとともに、自治体や市民が大きく関わっています。

11——まちのシステムデザインの意思決定とエコまち塾の役割

まとめに入ります。エコまちづくりを推進していくうえで、単に都市と建築という2層構造ではなく、3層構造に転換し、それぞれのまちに「共的装置」をつくっていく必要があると感じています。

建築自体に関しては今でも、ビルオーナーや依頼された技術者の権限で、

---

[9] 大都市の地域熱供給以外の例として、田舎町に立地したBreadstrupの地域熱供給を紹介しておく。戸建住宅が建っている一角に、専用熱源、コジェネ、太陽熱と合わせた地域熱供給のプラントがある。約1,500世帯の消費者が組合に出資し、消費者協同組合が運営を行っている。需要家への遠隔検針のほか、夏に貯めて冬に使用する季節間蓄熱も行うなど、複雑なシステムで先進的なモデルとして見学者もたくさん訪れているという。元副市長の年配の女性が熱心に説明してくれたが、会社は社長とこの年配の女性及び男性2人のオペレーターで運用している。オペレーター2人が時々刻々変化する売電の単価をみながらコジェネの発電運転を判断しながらこの複雑なシステムを運用している。手軽な形態は、日本では考えられない運営形態と思われる。

環境に配慮した建物をつくることは実現性が高く、また実際にできています。それは建築のシステムデザインの意思決定者が明確だからです。しかし、まちのシステムデザインの意思決定者は明確ではなく、意思決定をまとめる仕組みが必要になります。それには、私たちが"建築"に住むのではなく"まち"に住むという感覚を持つことが重要かと思います。それは、都市をトータルに考える都市システムデザインと、都市を構成するまちのコミュニティシステムデザインという感覚です。ですが日本あるいは日本人にはまだこれらの感覚が根付いていないように思います。

　デンマークもそうですが、特徴あるハードウェアなりソフトウェアなりヒューマンウェアがデザインされ、それがそれぞれの地域文化になっています。そこに魅力があれば人が集まりモノ・カネが集まっていくという好循環が生じます。

　今後のエコまち塾の役割として、都市システムのデザイン主体である自治体や社会に、まちのシステムデザイン主体である市民や企業などに、いろいろな情報を発信・提供しつつ、エコまちづくりに共感していただけるメンバーを増やしていきたいと考えています。

環境不動産、普及の鍵は?
―― 建築物の環境性能の向上と評価制度 ――

髙口 洋人（早稲田大学教授）

末吉先生からも指摘があった「環境問題は経済問題である」ということを建築的視点からお話したいと思います。すなわち省エネ性能の高い環境不動産[1]をどう普及させるか。これはまさに経済問題です。そう認識したうえで、どうすれば建築物の環境性能を上げていくことができるか、どのような解決策があるのか、その鍵として何をやらなければいけないのかを考えたいと思います。

1―― 市場経済からエネルギーをみると

「環境問題を経済問題としてみる出発点」として、原油価格を考えてみましょう。原油価格は需要が増えると価格が上昇します。ある程度上昇すると需要が抑制され価格が安定してきます。このメカニズムは市場原理主義の基本的な原則で「市場の神の手」といわれたりします。

そこに石油由来のCO_2の発生を削減しようという政策をもち込んだときに何が起きるでしょう。CO_2排出量を減らすということは化石燃料の消費量を減らすこととほぼ同じです。当然需要は減少します。需要が減少すると石油が余りますので価格は下がる。すると需要が喚起され徐々に需要が増える。価格が安定するのと同様にCO_2排出量も安定することになります。結局、CO_2排出は一定以上はリバウンドして実現しません。市場経済の原則に立ち返るとCO_2の削減は燃費を上げれば済むような単純な問題ではない

[1] 環境性能が高く、良好なマネジメント化がされている環境価値の高い不動産（一般社団法人環境不動産促進機構、2012年4月環境不動産宣言）

のです。

　経済学の先生に、化石燃料は有限だから資源が枯渇すれば、いずれCO_2排出も少なくなるのではないかと聞くと、経済学では、資源が枯渇すると価格が上昇するので、それまで経済的に成り立たなかった資源も開発されるようになるので、資源の供給はそう簡単にはなくならないと考えるのだそうです。実際に、これまで経済的に見合わなかったシェールガスやシェールオイルなどが注目を集め始めています。

　また、石油をエネルギー資源とみた場合、石油の採掘に必要なエネルギーは、石油から得られるエネルギーより小さい必要があります。逆転してしまうと、エネルギーとしての価値はなくなり、プラスチックなどの石油化学製品の原料という位置づけになって、その生産が経済的に見合う限りその後も掘り続けられることになります。ここでいう経済性には、CO_2の排出による環境破壊のコストは含まれていませんから、非常に安い価格で、長期にわたって石油採掘は経済性をもち続けることになります。このことは、自由主義経済が必ずしも万能ではなく、ある状況下では地球を破壊してしまうかもしれない危険性をはらんでいます。それを阻止するには規制や社会の仕組みなどを含めたソーシャルデザインをしっかりする必要があります。

2——環境性能向上を巡るインセンティブ・スプリット

　建物の話に戻りましょう。省エネ性能の高い環境不動産の普及を経済問題と捉えると、たとえば、オフィスビルの省エネ改修はどうみることができるでしょうか。照明のLED化や空調設備の更新を考えてみます。ビルオーナーの視点では、それは確かによいかもしれないが、電気代はテナントが払うので、投資をしてもビルオーナーにはメリットがない。壊れていないのだから改修の必要はない、と通常考えます。

　テナントの視点はどうでしょう。空調や照明設備はオーナーが整備するものなので、自分で負担するのは筋が違う。仮にテナント側で負担できたとし

ても、元が取れるまで部屋を借り続けるかわからない。また、賃貸の契約書には退去時には原状復帰せよと書いてあるので、何となく馬鹿ばかしい。残存価値を買い取ってくれるならまだしも、となるはずです。

このように、オーナーとテナントの間では、省エネ改修に関するお互いの利害が一致せず、動くに動けない状況があることがわかります。このような状況をインセンティブ・スプリットと呼んでいます。いくら省エネ技術が進んでも、インセンティブ・スプリットという根本的な問題が解決されない限り、テナントビルの省エネ化は進みません。

3──情報の非対称性

建物の省エネ性能がきちんと評価されて、よいものは高い賃料設定ができて、ビルオーナーの省エネ投資が回収できるような状況になれば、インセンティブ・スプリットは解消されます。しかし現状では、これに必要な情報がほとんど不動産市場に供給されていません。このビルは築20年、あちらは築15年というように、築年数と同じように省エネ性能が横並びで比較できなければこうはなりません。PAL値[2]でも構いませんが、誰でもわかる省エネ性能のもっと簡単な指標も必要です。

こうした状況で起きてしまうのは社会全体として無関心になってしまうことです。光熱費のかからない部屋に入居したいというのはテナントの根源的な欲求です。しかし、その判断ができる情報が入手できないと、関心そのものが低下してきます。それをみてビルオーナーは、「テナントさんはそういう情報にはあまり関心がないので」と言い訳できるので、ますます情報を出さなくなります。

この論理は一見、もっともらしく聞こえますが、商品情報をより多くもっているオーナーが、取引上は極めて有利な立場であることを忘れてはなりま

---

[2] Perimeter Annual Load：年間熱負荷係数 建築物の外壁、窓等を通じての熱の損失の防止に関する指標。

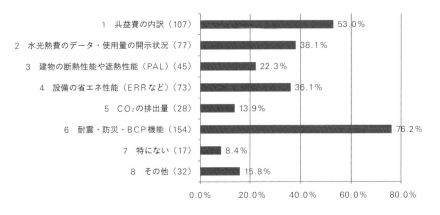

図1 入居先選定時に確認する不動産情報（複数回答）東京都「テナント入居に関するアンケート調査」集計結果（平成23年度低炭素ビルへの促進策に関する調査）より。

せん。これを情報の非対称性が存在する状況といい、市場原理がうまく機能しない典型的な状況であることが経済学でも指摘されています。

4—— 不動産情報の中に環境性能は入っていない

　建物を借りる側が省エネ性能に高い関心をもっているのは明らかです。東京都が2011年に入居先選定時に確認する不動産情報の中で、とくに何に関心をもっているかを調べています。図1がその回答です。一番関心があるのが耐震、防災、BCP[3] 機能で80％近くが関心をもっています。それから、共益費の内訳、水光熱費の使用量開示、設備の省エネ性能・建物の断熱性にも関心が高いことがわかります。

　一方、街の不動産屋さんの店頭やインターネットで提供されている情報は、賃料、敷金礼金、保証金、契約形式、エアコンの有無程度でしかなく、共益費の内訳や省エネ性能に関する情報は一切提供されていません。大手のデベロッパーが所有する1万m^2を超えるテナントビルでは、パンフレット

---

[3] Business Continuity Plan：事業継続計画 企業が内外の脅威にさらされる事態を識別し、効果的防止策と企業の回復策を提供するためのハードウェア及びソフトウェア面での行動計画。

が用意されて詳しい情報提供がされていますが、それらは平面図、空調方式や耐震性、非常用電源、管理体制などは書かれていますが、環境性能やエネルギー消費量、光熱費などの目安情報はありません。横並びで比較できる省エネ性能の指標はやはり乏しいのが現状です[4]。

こうした状況下で、省エネ性能を上げましょう、高効率設備を導入しましょうといっても、ビルオーナーのモチベーションはそう簡単には上がらない。そういう仕組みになっていないのです。省エネ性能の向上自体は、それほど難しい話ではありません。設備改善や運用改善、新エネルギーの導入など、それぞれの技術の実績はそれなりに積まれてきていますし向上もしています。問題は技術にあるのではなく、こういう経済の仕組みに問題があるわけなので、ここを変えていかないと、あるいはここを変えることにつながらないと、大きな動きにはなりません。

5──光熱費の20％削減は賃料の2％にしかならない

もう少しビルの経済性から省エネを考えてみましょう。一般のオフィスビルの1m^2あたりの1か月の電力使用量は10–15 kWh程度です。現在の事業用電力の値段は18円–20円/kWh程度ですから、お金に換算すると200円–300円程度になります。省エネビルを一般的なオフィスよりエネルギー消費量を20％下げられるビルとすると、1か月の電気代が40円から60円/m^2程度安くできることになります。現在の東京のオフィス賃料はm^2あたり3,000円–5,000円程度ですから、この省エネ効果は賃料と比べると0.8％–2％程度にしかなりません。たとえば賃料相場が3,000円/m^2の築年や立地で、このビルは普通のビルよりも光熱費が20％少ないので実質的

---

[4] こうした点は、政府でも問題視されており、改善策が講じられているものの、現状は大きく変わっていない。国の外郭団体が運営するRAINS（レインズ：不動産流通標準情報システムの略称で、国土交通大臣から指定を受けた不動産流通機構が運営しているコンピュータネットワークシステムの名称）では、日本全国の不動産情報を検索できるサイト「不動産ジャパン／RAINS」の中に環境的な情報も入れていこうとしている。

写真1　ブリュッセル市の環境局が入居するビル　　写真2　EPBDの証書

には賃料は2,960円になりますよ、といわれたらどうでしょうか。それほど魅力に感じないのではないでしょうか。現時点のエネルギーの価格で省エネ効果を考えると、経済的にはこの程度にしかならないということを理解しなければなりません。光熱費が下がりますよ、という宣伝だけでは世の中は動かないのです。

　こうした状況は日本だけでなく世界中で同じです。ですから、社会をどうすれば変えることができるか、技術だけでなく、社会システムを変えていかないと、エネルギー消費は削減できないというのが共通の認識なのです。

6——ヨーロッパの取り組み——EPBD——

　海外の取り組み例を紹介します。写真1はベルギーのブリュッセル市の環境局が入居する建物です。ヨーロッパ初のゼロエネルギービルという触れ込みでつくられました。こうしたビルの建設を進めるために、ヨーロッパで採用されている制度がEPBDです。EPBDはEnergy Performance of Buildings Directiveの略で、建物の省エネ性能に関する包括的な法律です。EU加盟国に対して、2006年1月までにすべての新築、既設の建物の不動産取引時においてエネルギー証書を発行してそれを開示しなさいと求めました。新築の場合、この家やオフィスだと、年間これくらいのエネルギー消費量で光熱費がこれくらいかかりますよ、という証明書を付けないと引き渡せませ

ん。賃貸の場合は、前の入居者の実績値を報告することも必要です。制度開始からすでに15年近くが経過していますが、この情報開示によって、少しずつ不動産価格に差が生まれてきているというレポートが出はじめています。

　写真2がその証明書です。この証明書ではAからGまでランク分けがされています。国によって違いますが、そのビルの省エネ性能改善のためのアドバイスも書かれていたりします。こうした証明書が不動産屋さんを通じてもらえるので、横に並べて比較検討ができるのです。この証書はベルギー市の環境局が入居していたビルのものですが、評価がCランクだったので、さきほど紹介したゼロエネルギービルをつくってそこに移る予定になっているというわけです。

7——一番効果がある顕彰制度

　日本でもこうした表示制度が始まっています。BELS[5]と呼んでいる、建築物省エネルギー性能表示制度です。日本でも法律が改正され、建築物を建てる際の確認申請時に一次エネルギー消費量の計算値を届け出なければなりません。せっかくなので、その数字を使ってランク付けをしようという制度です。残念ながら現時点では義務化はされていません。最後の一押しが弱いのですが、大きな一歩だと思います。

　東京都は先行して低炭素ベンチマークという制度を実施しています。東京都は地球温暖化報告書制度でエネルギー消費量の実績値の提出を求めていますが、その実績値を使ってA4からCまでの7段階でビルなどを評価しています。東京都はA2以上のビルを増やすことを目標に据え、A2を超える改修に補助金を出しています。国土交通省もCASBEE[6]をつくって普及促進

5　Building Energy-efficiency Labeling System：建築物省エネルギー性能表示制度 ビル等の建築物の省エネルギー性能を評価する新たなラベリング制度。2014年4月25日より開始された。
6　Comprehensive Assessment System for Building Environment Efficiency：キャスビー、建築物総合環境性能評価システム 建築物を環境性能で評価し格付けする手法。省エネや省資源・リサイクル性能等の環境側面はもとより、室内の快適性や景観への配慮などを含めた総合的な評価システム。

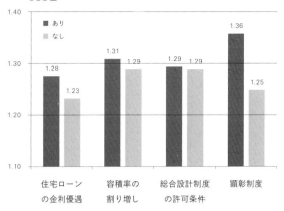

図2 自治体の公的インセンティブの有無によるBEE値の比較

しようとしています。すでに24の自治体が一定規模以上の建物について確認申請時にCASBEEの認証を義務付けています。

自治体は、建物の環境性能向上支援のために、いろいろなインセンティブを制度化しています。図2はそれらのインセンティブの有無によってどれだけの差が実際につくか、環境性能の代表値（BEE値[7]）で比較したものです。一番差がついているのが顕彰制度であることがわかります。一番安上がりに実行できる制度がじつは一番効果を上げている。

これはなぜかと考えてみると、オーナーは顕彰制度によって表彰されることが空室率の低下につながると思ったからではないでしょうか。環境性能が高いビルは、顕彰制度をつくって褒め称えてあげる。それが不動産市場で認知され、そうしたビルに皆入居したくなる、そういう環境をつくることが非常に大切だと思います。

8── 建築物の評価制度が不動産市場に与える影響

建築物の省エネ性を評価する制度が、どの程度不動産市場に影響を与えて

---

[7] Building Environmental Efficiency：建物の環境性能効率 CASBEEにおける評価指標。BEE＝(Q：建築物の環境品質・性能)／(L：建築物の環境負荷)

写真3　LEEDの認証　　　　写真4　Energy Starを玄関に掲げたビル

いるのか、欧米の研究成果をみてみましょう。米国にはLEED[8]という認証制度と、ENERGY STARという省エネ性能をラベリングする制度があります（写真3、4）。LEEDは日本のCASBEEと似た制度です。36,000件程度の建物が2010年までに認証を受けています。日本のCASBEEは自治体版を含めてもまだ8,000件程度です。米国では、テナントや投資家に、LEEDを取得したビルは光熱費が安いビルだと呼びかけ、とにかく認証件数を増やして認知度を高め、皆が省エネ化に取り組む環境を生み出すことに一生懸命取り組んできました。商習慣として共益費の内訳が詳細にテナントに公開されることもあって、省エネ性能の指標であるLEEDの取得を入居条件とするテナントも増えています。

　欧米は、売買や賃貸の成約金額が公開されており、そのデータを研究者が使えるようになっています。ある研究では、1,943棟のグリーンビルディング認証を受けた建物の賃料と、そこから400m以内にある一般的なビル（18,000棟）の賃料を比較して、グリーンビルディングの賃料は他より2–6％高いという結果を示しています。

　ここで思い出してほしいのが2％という数字です。20％の光熱費の削減

8　Leadership in Energy & Environmental Design：最高のビルディングをつくるための戦略やそれをどう実現させるかを評価するグリーンビルディングの認証プログラム。LEED認証を受けるためには、グリーンビルディングとして備えるべきいくつかの必須条件を満たし、選択項目のポイントを選んで取得することが必要とされている。

が賃料に与える影響は大きくても2％。ここでは最低でも2％の差がついています。実際の効果を2％程度と考えると、残りの4％は省エネ効果以外の付加価値部分、環境性能が高いということで、環境プレミアムがついて高い賃料が取れているわけです。

9──コ・ベネフィットとデカップリング制度

2013年の建築学会のシンポジウムで、野城智也先生が環境性能向上によるコ・ベネフィットを紹介されています。環境性能を向上させると生産性が向上し、健康も改善され、省エネ効果よりも大きなベネフィットがあるという内容です[9]。仮に便益が曖昧だったとしても皆が市場価値を認めて取引をすれば、それが実体化して経済的便益として認識されるようになる。そういうソーシャルデザインが重要ということです。

あまり知られていませんが、カリフォルニアの電力料金はデカップリングと呼ばれる制度を採用しています。デカップリングは本来、資源の消費と経済成長が分離される状態をいいます。電力会社の商品は電気ですから、より多くの電気を売った方が儲かります。しかしそれでは電力会社に省エネを支援しようという動機が生まれません。カリフォルニアの電力料金制度にデカップリング制度が導入されたのは1982年です。この制度では、あらかじめベースとなる電力単価と電力需要を設定して、電力会社の収入が決められ

---

[9] 環境性能向上のコ・ベネフィット：室内空気質が改善されると6-9％生産性が向上する／自然換気により3-18％生産性が向上する／個別空調制御により3.5-3.7％生産性が向上する／自然光を利用すると3-40％生産性と売り上げが向上・賃料36％アップ／グリーンビルディングは賃料が同一地域で2％高い（2013年度日本建築学会関東支部シンポジウム「不動産市場で評価サスティナブルビルディング」野城智也資料より）

[10] カリフォルニア州の公益事業委員会（PUC）が主導して設計したデカップリング制度の概要は以下の通り：目的は省エネインセンティブの阻害要因の排除／販売量と収益の分離／あらかじめベースとなる電気単価と電力需要を設定して収益を仮定／実際の需要が予想を上回れば、単価を見直し補填／逆に需要が下回れば、単価を下げて顧客に還元／売り上げ増と利益が分離／コストを下げれば利益が増える

需要が減れば投資が抑制でき、ピークカットでも投資が抑制できるため、省エネに積極的になれる、というもの。この制度と比較して、日本の総括原価方式では、必要な原価を賄える水準に料金を設定するため、電力消費量が増えればそれに応じて利益も増えることになり、省エネには消極的にならざるを得ないことになる。

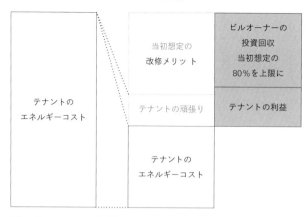

図3 グリーン・リース契約例

ます[10]。収入が決められているので、発電量つまりコストを下げれば利益が増えることになり、電力会社に省エネを勧める動機が生まれるというわけです。この制度もあって、カリフォルニアの人口1人当たりの電力消費量は、全米平均が上昇する中、ほぼ横ばいで推移しています。これもひとつのソーシャルデザインの好例だと思います。

10──注目されるグリーン・リース

インセンティブ・スプリットを解決する仕組みとしてグリーン・リースという制度に注目が集まっています。テナントとビルオーナーが事前に話し合って省エネ改修のメリットをテナントがすべて受け取るのではなく、一部をオーナーに分配する取り決めをしておく制度です（図3）[11]。

11 港区のKビルで実施されたグリーン・リースの例がある。概要は以下の通り：1万 m^2 弱の築43年のオフィスビル／設備改修後、オーナーがテナントとビル管理会社で「地球温暖化対策推進委員会」を設置し、共同の省エネ活動を展開。省エネ活動の発表会を年1回開催。その結果、運用改善活動のみで、契約電力＋基本電力料金が800万円から600万円に低減。／契約電力低減分を、テナント、ビル管理会社、ビルオーナーで折半する仕組みを設ける

このような取り組み自体が、建物の価値向上に繋がっている。

このような取組みをするには、テナントとビルオーナーが良好な関係を築いてコミュニケーションを密にする必要があります。こういったことも、テナントビルではなかなか行われていません。しかし状況は少しずつ変わってきています。たとえば不動産投資先の判断基準として、「GRESB」（グローバル不動産サステナビリティベンチマーク）という指標が使われるようになってきています。評価基準には、テナントや金融機関などのステークホルダーとの関係構築という項目があり、建物性能と同程度に評価されています。少し建築とは外れたところから、建物の省エネ性能だけでなく、どのようなソフト的な対策がなされているかも評価されるように変わってきています。

11──環境不動産の普及に向けて

最後に環境不動産を普及させるにはどうしたらよいか、私なりの提案をお話しします。

インセンティブ・スプリットが解消できないと、ビルオーナーからは省エネへの積極的な設備投資は出てきません。ですので、できることは、オーナーへの働きかけではなく、実際の受益者、つまり光熱費を払っているテナントや住民が省エネ性の高い環境不動産を選ぶシステムを構築することです。

まずは、建物の省エネ性能に関する情報開示を徹底することが大事だと思います。REINSの不動産紹介情報に環境性能を表示する欄をつくる、情報がない場合はテナント側からビルオーナーに情報提供を求める。オーナーは空室がでると困りますから、お客さんが情報をくださいといえば出さざるをえません。

また、そうしたタイミングを利用して行政が情報を収集・公開して、環境不動産への入居にインセンティブを与えるべきです。引っ越し費用や内装費など、引っ越しには結構お金がかかりますから、そうしたことへの支援は非常に有効なのですが、こうした支援は今のところありません[12]。

これはまだ日の目をみていませんが、ビルを探しているテナントが、オー

ナーに求めるチェックリストをつくって配るというのはどうでしょう。項目の内容は、省エネ診断を受けているか、エネルギー消費量はどの程度か、共益費の内訳を公開しているか、なども考えられます。

12——まとめに代えて

　ある会議で聞いた話ですが、ヨーロッパでは社会学者が世の中をよくしようと省エネ問題に取り組んでいる。エネルギーは貧しい人も裕福な人も皆使いますので、社会の不平等をどう改善するかという社会学的なアプローチです。一方、アメリカでは省エネでどうお金儲けをするか、経済学者が取り組んでいる。日本ではこういう技術が使えるのではないか、とエンジニアが取り組んでいる。だからダメなんだというお話です。

　技術も非常に大事ですが、環境問題は経済問題であり、社会問題であり、そして技術の問題であると認識しなければなりません。これらを組み合わせた、日本の社会にあったソーシャルデザインが求められているのだと思います。その部分に関しては、まだまだ不足していると思います。

12　インセンティブを与える支援策としては他にも次のようなことが考えられる。テナントにとって、空調の効率が悪いとか、古い蛍光灯をLEDに替えたいという場合にはオーナーに相談することになる。こうした場合に、誰が費用を負担し、光熱費の削減分を誰が受け取るのか、取り決めが必要になるが、手続きに手間がかかることになる。このような手間を簡素化したり、配分方法の雛形をつくったりする支援である。国土交通省のなかに環境不動産懇談会があり、グリーン・リースの雛形をつくって公開しているがあまり知られていないのが現状である。

欧州における既成市街地のビル低炭素化
―― ヨーロッパのZEB最新動向 ――

川瀬 貴晴（千葉大学大学院教授）

「欧州における既成市街地のビルの低炭素化」をテーマに、2014年6月にヨーロッパのZEBを視察し感じたことを報告したいと思います。

1 ―― 2050年に向けて都市を低炭素化する

　視察報告の前に、わが国の建築関連分野における地球温暖化対策の方向について、簡単に述べておきます。

　日本建築学会は2009年に「建築関連分野地球温暖化対策ビジョン2050」と題した提言を行いました。このビジョンは日本建築学会を筆頭に、建築に関連する技術者団体、事業者団体など、17の団体が起草団体[1]として名を連ねています。2050年にむけて都市を低炭素化するため、関連団体が一丸となって取り組むメッセージです。

　同ビジョンには、3つの大きなテーマがあります。1番目は、新築建築は今後10年から20年の間にCO_2を極力排出しないよう、カーボン・ニュートラル[2]化を推進しようということです。2番目は、既存建築も含めて2050年までにカーボン・ニュートラル化を進める。3番目は、建築だけでなく、建築を取り巻く都市、地域、社会をカーボン・ニュートラル化しよう、とい

1　日本建築学会、日本建築士会連合会、建築業協会、空気調和・衛生工学会、電気設備学会、日本都市計画学会、建築環境・省エネルギー機構など17団体。
2　木材などはバイオマスと呼ばれるエネルギー資源であり、炭酸同化作用で太陽の光を吸収して空気中の二酸化炭素を固定する。バイオマスをエネルギーとして利用するときに燃焼によって二酸化炭素が排出されるが、植林などによって再びバイオマスが大気中の二酸化炭素を吸収する。このため、バイオマスの利用は大気中の二酸化炭素が増加することはない。二酸化炭素の発生と吸収の双方を考えて差引ゼロとなることをカーボン・ニュートラルと言う。

うものです。

　日本人一人当たり、年間にどのくらいのエネルギーを消費しているかを、交通、ビル、住宅に分けて試算すると、交通は10.5ＧＪ、ビルが0.1人/m^{2}として15ＧＪ、住宅は2.5人/世帯とすると16ＧＪとなります。それぞれ幅やばらつきはありますが、これらの消費量を将来2050年には、化石燃料ベースでゼロにしていく、もしくはゼロエミッションにしていこう、ということです。

　次に、政府の方向です。エネルギー基本計画が2014年4月に閣議決定されました。そこには、今後の建築物と住宅のエネルギー消費についての方向がうたわれています。建築物は、2020年までに新築公共建築などでＺＥＢ（ネット・ゼロ・エネルギー・ビル）に、2030年までに新築建築物の平均でＺＥＢを目指すとしています。また、住宅についても、2020年までに標準的な新築住宅で、2030年までに新築住宅の平均でＺＥＨ（ネット・ゼロ・エネルギー・ハウス）を目指しています。したがって、学会も国も2030年までに新築ビルはＺＥＢにしていこうということで一致しています。

　国の計画は、ＺＥＢ化の対象を既築建物まで広げてはいませんが、今後、考えていく必要があるでしょう。

2──世界ではゼロエミッションビルが数多く実現

　このように、日本はビル、住宅分野でゼロエネルギー、ゼロエミッションにむけて検討、対策が行われています。しかし、世界をみると、すでにゼロエミッションビル、ゼロエミッションハウスがかなり実現しています。アメリカは2012年時点で9か所以上あります。私は実際にこのうちいくつかを見てきて、ゼロになっていることを確認しました。一部はいったんゼロなって、その後ゼロになっていないものもありましたが、そうした建物もゼロに近い数字でした。

　東アジア、東南アジアも数は少ないものの、韓国の国立環境研究院などが

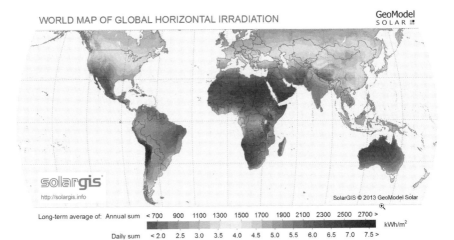

図1 地域と太陽エネルギーの照射

図2 ヨーロッパのZEB

ゼロになっています。シンガポールにも、改修建物でネットゼロになっているビルがあります。

　図1は、地域と太陽の照射エネルギーの状況です。太陽エネルギーの強いところは色が濃くなっており、薄くなるにしたがって太陽のパワーが落ちていることを示しています。アメリカは太陽のパワーが強い地域があり、アジアも地域によっては強いところがある。それに比べて、ヨーロッパは他の地域と比べて見劣りがします。以前にアメリカやアジアのＺＥＢを探した際に、ヨーロッパも探しました。しかし、そのときには、ヨーロッパではＺＥＢがみつかりませんでした。太陽エネルギーの観点からすると、ヨーロッパはＺＥＢを行うには相当不利なのではないか、と思っていました。

　ところが、2年ほど前改めて探してみると、たくさんＺＥＢがあることがわかってきました。図2がその情報です。住宅、オフィス、病院、学校など、さまざまな用途の建物がたくさんありました。そこで、本当にＺＥＢであるか、いくつかの建物をピックアップして、実際に見てきました。

3――菜種油でコージェネを動かしゼロカーボンに

　最初はオランダ・アムステルダムから南に少し行ったユトレヒト郊外に建つ自然保護団体ＷＷＦオランダ本部ビルです（写真1）。一般的に3階から4階建てであれば、ＺＥＢは比較的実現しやすいといわれています[3]。

　このビルは延べ床面積 $3,800 m^2$ で地上3階建てのビルで、古いビルを2006年9月に改修してＺＥＢ化したもので、オランダ初のゼロカーボン建築ということです。

　この建物はゼロ・エミッションだけでなく、建築的にも非常に優れてお

---

[3] 日本で可能なＺＥＢ化ビルの階数は4階建てまでが限度といわれている。4階建てのビルまでであれば、頑張れば太陽光だけでも実現できる可能性はあるが、その場合のエネルギー消費量は、$400 MJ/m^2$ 以下にする必要がある。そのためには、人員密度と稼働時間も抑える必要がある。例えば20時間稼働するビルでのＺＥＢの実現は困難であろう。

写真1　WWFオランダ本部ビル

り、温熱環境、音や光に対しても気を使っています。窓の部分は、写真2のように3重になっていて、木サッシュです。気温が低いこともあって、日本と比べると窓回りは断熱にかなり配慮しています。また、日射遮蔽の庇がつけられています。非常にごつい窓ですが、開閉ができるようになっていて、自然換気にも配慮されています。ビルの脇には写真3のような納屋のようなものがありますが、この中にビルに電気と熱を供給するコージェネ設備が入っています。コージェネの燃料は菜種油です。太陽光発電量はそれほど多くありませんが、菜種油を使用していることから、投入している化石燃料はなしということで、ゼロエミッションになるというわけです[4]。

[4] ZEBに菜種油を利用している点について、日本ではリサイクル油を想像しがちであるが、これは一般に販売されている菜種油である。コストは1リットル当たり約100円で、灯油と同程度でそれほど高くはないとのこと。菜種油を使用しているビルの担当者は、建設当初は遠方から菜種油を仕入れていたが、現在は近距離から仕入れていると言っていた。輸送エネルギーも考慮しているようで、ヨーロッパはそうしたデータベースがしっかりしていて、日本よりきっちり判断しているという印象がある。

写真2　木サッシュの3重窓　　　　写真3　コージェネ設備が収納されている建物

　エネルギー消費は、冷房、暖房、給湯などで、エネルギー供給は外部の電源グリッドと、再生可能エネルギーの太陽光、菜種油、太陽熱、地中熱、廃熱です。年間のm^2当たりの一次エネルギー消費量が247 kWh、生産量が326 kWhと紹介されており、消費量よりも生産量が多いので、ゼロあるいはプラスだとのことです。そこで実際に聞いてみると、最初は菜種油を焚いていたが、半年ほどで止めており、今は結果的にゼロではないとのことでした。おそらく食料になる菜種油を燃料として使うことが、自然保護団体としてどうなのか、という議論があったのではないかと推察します。

4——日射を上手に取り入れる外皮の工夫

　つぎに、スイスのデューベンドルフにある地上6階、延べ床面積 8,533 m^2の事務所として使われているビルです（写真4）。このビルは2006年3月に引き渡されたもので、消費エネルギーが32.1 kWh/m^2・年、創エネルギーが8.7 kWh/m^2・年ですので、ゼロではありません。ただし、数値がかなり少なく、外皮の縦ルーバーのデザインが面白い。このルーバー[5]は回転する仕組みになっています（写真5）。ルーバーの材質はガラスで、ガラスとガラスの間に水玉のように光が透けるシートを挟んでいて、模様が非常にき

5　壁や天井の開口部に、羽板を縦または横に組んで取り付けたもの。羽板の向きを変えて直射日光や通風を制御する。

写真4　デューベンドルフのビル　　　　　写真5　動く縦ルーバー

れいです。これが日射の動きに合わせて動くとのことです。室内から見るとレースのカーテンをガラスで作ったような感じです。

　また、大きなアトリウムが建物の中にあり、これが日射について良く考えられていて、上の屋根部分がガラスでかつ二重のダブルスキンになっています。天井はガラス面で、さらにその上にもう一つガラスの天井があります（写真6）。また、二重天井の側面には窓があり、アトリウムの中の換気をここで行う構造になっています。屋上には太陽熱コレクターが置いてあります。事務室の天井面には照明器具は配置しないで、スタンド型の照明器具を置いて上下に照らしています。日本と比べるとかなり暗く、向こうではあまり明るさを求めていないという感じを受けます。

　事務室内の空調ダクトもスプリンクラーもVAV（風量調整）装置も露出になっています。写真7の黒いボコボコと出ているのは、クールヒートチューブ[6]です。日本では冷やすために使うことが中心ですが、こちらでは採熱に多く使われています。ここから配管に繋がって土の中に配管が通っています。この配管をたくさん使って、土からの熱を回収しようということです。クールヒートチューブの使い方として、このように集合して使うのは、非常

6　クールヒートチューブ
　　地中熱を利用して補助的な冷暖房として活用する。空調負荷がピークに達する真夏や真冬に外気温と地中熱の温度差が最大になるため、ピークカット効果が期待できる。

写真6　アトリウム内部　　　　　写真7　クールヒートチューブ

に面白いと思います。

5——太陽光を水素に溜める実験住宅

　つぎは、住宅です。紹介するのは、スイスのデューベンドルフにある実験住宅です。大きさは地上1階、延べ床面積は7.5ｍ×3.6ｍです。ここはテクニカル的に非常に面白く、太陽光をバッテリーに溜めるのではなく、水素にしてその水素を溜めて燃料電池で使う仕組みです。屋根には太陽光パネルが設置されていて、中には小さな部屋とトイレなどの設備が入っています。裏に回ると、燃料電池、エアコンなどの設備が入っています（写真8）。水素は太陽光が十分に得られない真冬に使うというコンセプトで、実際にこの設備を動かして、年間ゼロになることを確認したとのことです。調理には水素を直接使うそうです。

　住宅の断熱性も非常にレベルが高い。室内のコンセント部分は、壁の断熱

写真8　実験住宅の裏側　　　　　　　写真9　フランスで初めてのPEB

という点で弱点になりやすい所ですが、このディテールが凝っていて、コンセントに影響されない形で断熱材が入っています。グラスウール断熱材の後ろにさらに真空断熱材とエアロジェル断熱材を使っています。

6──フランス初のポジティブエナジービル

　つぎはフランスのパリ郊外に建つ、フランスで初めてのPEB（ペブ、ポジティブエナジービルディング）です。PEBとは、エネルギー収支が釣り合うZEBをさらに推し進めて、ビルの創エネがビル内のエネルギー消費を上回るビルのことです。建物は地上8階、地下3階、延べ床面積23,200 m²、用途は事務所と駐車場（地下）です。竣工は2011年7月で、年間エネルギー消費量が516 MJ/m²、年間創エネルギー量は583 MJ/m²で、エネルギー量の収支はプラスとなっています。フランスではZEBというよりPEBという言い方をよく聞きました。

　このビルはPV（太陽光発電）が多用されており、駐車場の屋根も外壁もエントランスも庇もPVです。ただ、一種類のPVを使うとデザインが単調になってしまうため、いろいろなデザインでソーラーパネルを使っています。平面図でみると屋上にはほとんどPVが載っていて、窓部分にもPVがかなり使われています（写真9）。

　エントランスの受付には、シーリングファンが付けられ、風である程度の

涼感が得られるように工夫されています。階段室部分は緑の壁が上から下まで続いて、外光が入る形で、非常にきれいにまとめられています。昔は室内に緑を入れるのは、緑がすぐに枯れてしまうため難しかったのですが、最近は壁面を緑化する技術も含めて緑化技術が進歩したせいか、増えてきているようです。

　日本の省エネビルでもエネルギーの需給状況をビルの入り口に表示する例がありますが、ここでも表示パネルが置かれ、月ごとに消費量と発電量を表示していました。ＰＥＢであるこの建物は、二次エネルギーベースで、年間消費エネルギーが70.8 kWh/m^2、年間創エネルギー量が76.9 kWh/m^{2}となっていました。

　オフィス部分の照明は、日本には少し暗い感じがしますが、ここでは暗いとは思っておらず、外の明かりでほとんどやっています。また、オフィスはシーリングファンで冷房対応をしています[7]。

7──菜種油、ウッドチップを燃料にする

　フランスのリヨン郊外にある地上7階、地下2階、延べ床面積は 20,500 m^2 のビルです（写真10）。2012年5月に竣工し、用途は事務所、店舗、駐車場。年間エネルギー消費量が 94.7 kWh/m^2・年、年間創エネルギー量は 101 kWh/m^2・年でプラスになっているＰＥＢです。創エネルギーの内訳は、ＰＶが 64 kWh/m^2・年、コージェネが 37 kWh/m^2・年。コージェネの

---

[7] 日本とヨーロッパでは照明や自然換気に関する受け取り方の違いが感じられる。暗い場所で仕事をしているといっても、彼らヨーロッパの人たちにとって、それを我慢している、日常の生活スタイルを省エネのために我慢している、という意識はないようだ。昔、省エネにシビアでなかった時期に彼らのオフィスに訪ねた折も、結構暗いところで仕事をしていたのをみても、彼らにとっては多少暗くても自然光のもとで生活する方が快適だと感じている様子がうかがわれる。また、省エネ目的のために空調温度を上げたり下げたりすることもない。ライフスタイルを変えて省エネするという発想ではなく、彼らは彼らなりにそれが良いと思って行動しているようである。日本では省エネのために自然換気をしよう、窓を開けようということになるが、彼らは、自然換気のほうが気持ちいいからやっている、知的生産性が上がるからやっているという印象である。その一方で、ハードはハードで、建物の断熱などについての工夫をきちんと実施している。

写真10　リヨン郊外のPEB

写真11　HIKARIプロジェクト

燃料は菜種油です。菜種油は化石燃料ではないので投入分は消費量としてカウントしていません。こうした形で20,000 m²あまりのビルがポジティブエネルギーということになっています。

屋上はPVで覆われ、建物の所どころで自然換気が行われています。窓の開閉機構は日本に比べるとヤワな感じがします。日本でこれだけ大きく窓を開けると、がっちりした窓構造になると思いますが、ここでは耐風圧が日本と比べると低く、非常にシンプルな構造になっています。ただし、オフィスの窓自体は非常に分厚く断熱性という点では凄いものです。日本ではこれほど分厚いものはみません。

興味深いのは、建物の作りだけではありません。燃料は菜種油のほかに、ウッドチップを使用しており、ボイラ3台のうち1台がウッドチップボイラという点です。

フランスのZEBとして、オフィスビルで10か所、教育機関系で5か所、住宅系で3か所など、既に多くのZEBがあるようですが、これらの諸元をみると、フランスの場合、コンセント系を除いたエネルギー消費量を再生可能エネルギーでプラスにできるかできないかでZEBかどうかを判断しているようです。現在、日本でいうZEBは、ビル全体のエネルギーを再生

8　この後、日本でもZEBの定義についての検討が行われ、ビルのエネルギー消費量の全体ではなく、コンセント系などのエネルギーは除くことになった（平成27年12月経済産業省）。

可能エネルギーでゼロにするという観点ですから[8]、少し違います。上に紹介した建物は建物で消費するすべてを対象にしたZEBですが、ZEBとして公表されている建物のなかにはコンセント系などを除いているものもあるので、ZEBをどういう定義で考えているか注意する必要があります。

8——NEDO・日本企業が協力するPEB実証ビル

　リヨンにはもうひとつ日本で知られているプロジェクトがあります。NEDO[9]の実証事業として日本が協力しているビルで、まだ完成はしていませんが、オフィスエリア、商業エリア、住居エリアからなる複合ビルです。

　フランスをはじめとしてEU各国では2020年以降に建築されるビルのすべてをPEBにするとして、意欲的に推進していて、日本はそれに協力しています。このビルの建設はフランスの会社で、設計は日本の建築家・隈研吾氏です。まだ工事中ですが、BEMS、HEMS、太陽光パネル、蓄熱システム、吸収式冷凍機、人感センサなど、日本の技術が導入されます。

　写真11は工事現場の写真ですが「HIKARIプロジェクト」、「HIKARI・Nishi」と、日本の言葉が使われていました。完成写真も載っています。このようなプロジェクトが現在、フランスで進んでいるということです。

9——エンジニアがデザインしたビル

　フランスではもうひとつ、見てきました。「ELITHIS Tower」という名称のディジョンにあるビルです。地上10階建て、5,000 m^2で、用途は事務所と店舗。年間エネルギー消費量が348.8 MJ/m^2・年で、創エネルギーは144.7 MJ/m^2・年。竣工は2009年3月で、案内してくれた方は世界で一番早く完成したPEBといっていました。ただし、これは先ほどのコンセント系等を省いたエネルギー収支でということになります。

9　国立研究開発法人新エネルギー・産業技術総合開発機構。新エネルギーおよび省エネルギーの技術開発などを行う。

写真12　ELITHIS Tower

　建物は非常にユニークな形状をしています（写真12）。中央の黒く見える部分が日射遮蔽ルーバーになっていて、その形は建物の方位によって違います。建物の裏側は、日射のある部分とない部分を考え、効果的に日射遮蔽を行うようにデザインしています。
　エンジニアリング会社を経営しているこのビルのオーナーは、「このビルは私がデザインした」と話していました。いろいろな検討をして、「ビルはこうあるべき、外観はこうあるべき」というエンジニアとしての考え方をデザイナーに伝えてつくられたものだそうです。日本では、ビルを設計する際にはまずデザイナーが方針を示しますが、彼にいわせるとそれは良くないことで、これからのビルはエンジニアが方針を示すべきとのことです。
　プロジェクトの流れを説明する資料を見せてもらいました。まず、プロジェクトがスタートして、最初にResearch & Developmentがあり、エンジニアである彼が「ここに、こういう大きさのものをつくるから、それでは

どうすれば良いのかを検討した」とのことです。そして、計画のコンセプトを考え、その後、初めて Architectural program and design（建築計画とデザイン）となり、ここでデザイナーに依頼します。デザイナーが途中から参加してくるのです。このような進め方で、設計を詰めて、施工、引渡しとなります。この方法が良いというのです。彼は今後、アジア圏にも進出したいといっていましたので、日本の建築設計者は、彼の下でデザインをすることになるかも知れません。

10ーーヨーロッパは日本より積極的な印象

　ヨーロッパでZEBとひと口にいっても、種類は非常に多くあります。その中で選りすぐって、本当にZEBになっているものと、技術的、デザイン的に面白いものを見てきました。全体的な印象としては、ヨーロッパ各国はZEBに向けて実質的に、意欲的に建設していることを感じました。本当にゼロになっているかどうかは別にして、とにかく建設しています。

　ヨーロッパでは、現在ZEBの厳密な定義はないようです。日本ではトータルエネルギーを対象に、再生可能エネルギーで賄うということになりますが[10]、ヨーロッパでは必ずしもそうではなく、今のところは、たとえば建築の基本仕様に由来するエネルギーのみを対象に、それを再生可能エネルギーで賄えば良いという認識があるようです。いろいろな文献を見ても、統一した定義をヨーロッパ全体でつくろうとの意識はないようです。

　省エネ技術は日本より進んでいるとは感じられません。建設コストとのバランスを意識したZEB化、PEB化の面では、日本と同様です。ZEBやPEBだからといって、一般のビルよりもコストをかけてつくるというのではなく、普通のコストで実現しようという意識は日本と同じです。ただし、意識は同じでもヨーロッパでは実際に建設しています。技術開発に対する意

10　前掲注8と同じ。

欲も日本より強いように思います。

　また、ビジネスモデルとしての省エネ化、ZEB化の仕組みづくりについても日本より意欲的だと感じました。フランスの建物のいくつかは、オーナーとテナントと管理会社という3つの役割があったとすると、その間でESCO的な契約を行うことによって、省エネの徹底と努力の成果を上手に分配しています。

　省エネに関係のない業種のテナントでも、案内してくれた方は大変省エネに詳しく、たぶん、そういう契約のもとで専属で働いている人ではないかと思いました。その人件費をかけても、上手に省エネをすれば経済的ということなのでしょう。実際にテナントの募集広告にもそうした契約を明記し、テナントが頑張れば、その分のペイバックがある契約をするという話もありました。そうした工夫をすることによって、ZEBやPEBを実現するという意識は、日本よりも前向きであるという印象をもちました。

　以上が私の見て感じたヨーロッパのZEBの状況です。

POLICY MAKING

協働を通じた、都市での環境取り組み
　　　小林 光（慶應義塾大学大学院特任教授）

都市における温暖化対策・エネルギー対策をどう進めるか
　　　──都市計画・都市づくりの役割を考える──
　　　小澤 一郎（都市づくりパブリックデザインセンター理事長）

協働を通じた、都市での環境取り組み

小林 光（慶應義塾大学大学院特任教授）

　私は環境ばかりやっております。小さいころから環境が好きで、それを仕事にできるのがうれしくて、当時できたばかりの環境庁（今日の環境省）へ入りました。環境ばかりやっていますが、その際には環境のほかにも大切な問題がたくさんありますので、それにもしっかり目配りしていかないといけないと思っているのが、私の立場です。

　都市での環境取り組みの背景に何があるのか、今までどんなことをしてきたのか事例をいくつかみて、こうした私の立場から今後どんな取り組みをしていく必要があるのか、お話をしていきたいと思います。

1── 我が国の地球温暖化対策の経緯

　日本の温暖化対策の経緯について少し触れておきます。気候変動枠組み条約が採択されたのが地球サミットのあった1992年です。私も環境省担当官として参加しました。このときじつは、日本は温暖化対策としての法律はつくっていません。この枠組み条約の義務は、先進国の場合は、温暖化対策を実行しその姿をオープンにして、国際的なレビューに供することで透明にしようということです。それは別に法律がなくてもできます。

　そこで日本も条約に入りました。その後1997年に京都議定書が採択され、日本は温室効果ガスの－6％を守らないと、その後の年に削減義務が多く課される規定ですから、法的拘束力があります。そこでこの規定を守るためには法律を作る必要があるということで地球温暖化対策推進法（温対法）をつくりました。京都議定書の発効が2005年（第一約束期間は2008−2012年の

5年間)です。同じ年に京都議定書目標達成計画がつくられています。そのときに、温室効果ガスの排出量を公表するという制度が国内の法的義務として登場しました[1]。

2——初めてCO₂削減を宣言した温対法

温対法の中には排出量取引の規定も取り入れられています。これは、CO_2の削減量といういわば抽象的な財産を国内で取引するルールを定めたのです。削減量という実物があるわけではない売り買いで、一種の電子情報です。下敷きにしたのは「社債等の振替に関する法律」(社振法)という法律です。債券情報を管理するための法律に倣ってこの環境法ができたわけです。法律の世界は不思議なものです。

そして、この温対法によって事業者のCO_2の排出抑制の責務が初めて入りました。それまで、事業者が減らしてきたのはエネルギー消費量であって、省エネ法(エネルギーの使用の合理化等に関する法律)や新エネ法(新エネルギー利用等の促進に関する特別措置法)にはどこをみても温暖化、CO_2とは書いてありません。CO_2を減らすためにエネルギー政策に関する法律を借りていたのです。省エネ法の借用でなく、国民になぜCO_2を減らす義務が生じるかについて十分な説明が必要だったのですが、温対法はこのための法律です。

3——バウンダリーを超えた協力が必要

日本は当面2005年比3.8%程度の削減を目標にするといっていますが、

---

[1] 京都議定書が不平等条約だったという声もあるが、不平等だとするのは間違いで、日本の−6%の削減率は、ヨーロッパの主要な国々に比べてはるかに緩い目標だった。日本のそれまでの省エネに対する評価や、森林吸収量が相対的に多く認められたこともあり、実際のCO_2排出量は、基準年の1990年に比べて0.5%増えても達成できる目標であった。

実際に、2008年から2012年までの第一約束期間の結果は、実際のCO_2排出量が基準年比(1990年比)＋1.4%であったが、森林等吸収源で−3.9%、京都メカニズムクレジットで−5.9%。つまり、＋1.4%−3.9%−5.9%＝−8.4%となり京都議定書の目標(−6%)は達成された。

これでは国際交渉はもたないと思います[2]。当然、もっと厳しい目標にせざるをえないでしょう。さらに先をみると2050年に80％削減すると公約済みです。2030年の中間点の数字が何％になろうと相当大きな削減をしなければなりません。80％の削減となると、個人や組織など個々の努力では届きません。それらのバウンダリー（領域）を超えた協力によるCO_2削減が必要になってきます。都市にはたくさん人がいますから、協力できるチャンスも大きい。都市だからこそできる環境政策を考える。それが環境的なまちづくりの政策につながっていくと思うのです。

4——強固なマインドセット

しかし、マインドセット（思い込み）[3]は強固で、なかなか変えるのは難しいという話をします。アクアやプリウスなどの燃費のよい車と普通の車のどちらを買いますか？ と問うと、だいたいの方はアクアやプリウスといいます。何十万円か高いですが、走っているうちに取り返せるからです。ところが、200万円ぐらいで買える太陽光パネルは、逡巡する人が多いのです。値段はアクアなどとあまり変わりません。しかし、売電収入や補助金があるので、10年ぐらいで元がとれます。しかし、燃費の良い車は、一般車との差額が取り戻せるだけで、じつは初期の支払額は取り戻せません。それに対し、太陽光パネルは初期投資分もペイバックできます。それなのになぜやらないかというと、電気は壁のコンセントにプラグをさせば、初期投資がなくても1kWを1時間使っても23円ぐらいであるのに、わざわざ200万円もの初期投資をしなくていいではないか、と思うのです。環境はタダであるべきだ、新しいことには金を払いたくない、という世界です。

---

[2] この文章の元になった講演の後、2015年7月、日本政府は、国内の温室効果ガス排出量を2030年までに、2013年比26％削減するとの目標を国際的に明らかにした。
[3] Mindset：経験、教育、先入観などから形成される思考様式、心理状態。暗黙の了解事項、思い込み（パラダイム）、価値観、信念などがこれに含まれる。

こうしたマインドセットを突破して取り組んでもらうためには、ふたつしかやり方がないのです。ひとつは北風政策。環境を使う人が全部費用を払うやり方です。もうひとつは太陽政策。よいことをすれば補助金をあげるやり方です。しかし、どちらかしかないというのはうまく行きません。そこで、わたしが提案していたのは、ちょっとの規制、ちょっとの補助金の組み合わせです。日本の石油石炭税に上乗せされている環境税部分は、現在1リットルあたり0.5円程度です。それでも元々の石油石炭税の土台部分と温暖化対策のための上乗せ部分との合計では5,800億円ぐらいの税収になります。これを補助金に使う仕組みです。少ない税金でも、所得税や消費税収、すなわち一般財源を使わないで温暖化対策の補助金ができるのです。

5——効果を上げる掛算によるCO_2削減

　CO_2の排出量は、エネルギーの需要量と、そのエネルギーの1単位当たりのCO_2排出量を掛算して求められます。日本中のガソリン消費量に、ガソリン使用による単位当たりのCO_2排出量を掛ければ、ガソリン自動車から出るCO_2の排出量がわかるわけです。面白いのは掛算になっていることです。

　CO_2の80％削減という話が出ています。この話をエネルギー消費量の80％削減だと考えると皆暗い気持ちになってしまいます。そうではなく、消費量を55％減らして、使うエネルギーの中の炭素の量を55％減らせば、掛け算ですから80％カットできます。$0.45 \times 0.45 = 0.2$という計算です。

　限界削減費用[4]を大幅に低減するのは大変です。たとえば、TOEICで990点とることは並大抵の努力ではできませんが、600点を目標にすれば断然努力の程度が異なります。限界削減費用は富士山の登山のように、頂上に

---

[4] 温室効果ガスの排出量を追加的に1トン削減するために必要な費用。地球温暖化対策の目標値設定などで用いられる指標の一つ。たとえば、日本は高度な省エネ技術により、すでに大幅な排出量を削減しているため、今後さらに排出量を削減するためには相対的に高いコストが必要となるといわれている。

写真1　羽根木エコハウスの夏と冬　左：羽根木エコハウスの南面。夏は、落葉樹（ハンノキ）が葉を茂らせ、また、2階居間開口面はプランターからの植物（テイカカズラ、ムベ、キジョラン、スイカズラなど）が蔓を伸ばして緑のカーテンを形成し、ダイレクトゲイン（直射日光）を防いでいる。　右：冬は、ハンノキは落葉し、緑のカーテンも葉が減って、太陽光や熱を受け入れるようにしている。

近づくほどのぼりがきつくなるので、緩いところで供給側も需要側も相互に対策することで掛算を成立させようということです。じつはこの掛算が難しいのですが、つぎに少し私の経験をお話しします。

6──羽根木エコハウス15年間の取り組み

　私は2000年に自宅をエコハウスに建て替えて以来、羽根木エコハウスと呼んでCO_2排出量を削減してきました。実感できたのは、住宅程度のエネルギー密度であれば、省エネすれば自然エネで自立可能なことです（写真1）。

　私ども家族4人の電気やガスの年間のエネルギー使用量は4.7万MJ。それに対して110㎡の敷地に降ってくる太陽エネルギーが46万MJで10倍多い。ただ、太陽エネルギーは降ってくるときと来ないときがあるので1/10でも利用できるかというとかなり難しい。こうした面から、自然エネ

CO_2排出量の推移	水道	ガス	電力	合算
1999年（建替前）	79.4	773.3	1228.9	2081.6
2000年（内訳）	62.7	652.3	643.8	1358.8
2001年				1258.4
2002年				1320.4
2003年				1298.8
2004年				1202.1
2005年（内訳）	45.2	473.4	637	1155.6
2006年				1067
2007年				1156
2008年				1067
2009年				789
2010年（内訳）	34.2	371.2	402.2	807.6
2011年				655.2
2012年				673.4
2013年（内訳）	29.5	269.9	299.7	599.1

表1 羽根木エコハウス取り組みの成果 （単位：炭素kg）

ルギーは非力だと思う方もいますが、そんなことはありません。ただ、自然エネルギーを使いこなすには自宅のエネルギー消費を減らす必要があります。減らそうと思えば結構減らせるもので、CO_2ベースでみるとさきほどの掛け算が効いてきます。

　実際の成果は表1の通りです。年間のCO_2排出量（炭素換算）の推移をみると、建て替え前の1999年は2,082 kgで、直後の2000年には1,359 kgまで減り、その後、震災前に808 kgで半分以下に。震災で節電を求められ、さらに頑張って655 kg。それから少しリバウンドしましたが、2013年は599 kgで、最初に比べると約70％の削減です。先ほどの80％まであと10％。住宅を対象にすると、80％という数字もあながち嘘ではないのです。私はこういうことをいいたくて一生懸命やっています[5]。

7——地理的協力・時間的協力・サプライチェーンの協力

　では、これを都市に投影するとどうなるかということです。これにはさまざまなケースがあり、掛け算を成立させるのは、じつは難しいのです。さき

ほど、今後は多数の関係者の協力が必要になってくるといいました。三つの協力の仕方を紹介します。

まずひとつは地理的協力です。遠隔地から大電力をもってくるのではなく、地産の自然エネルギーを利用するマイクログリッド[6]を考える。たとえば、バイオマスチップを山から輸送してくるのでなく、生産している場所で電気に変換する。工場やゴミ焼却場の排熱を利用する。これはひとつの典型例です。それからTOD（公共交通指向型開発）[7]で自動車交通を減らしCO_2排出を削減する。これもふたつ目の典型例です。また、市街地でこそ緑地は冷熱をつくって冷房需要を減らすので、緑地を増やして利用するなどが3つ目の典型例です。これらはいずれもサプライヤーとコンシューマーが近くにいて成り立つケースです。

時間的にも協力関係が成立します。発電のピーク時間帯に需要者側が電力消費を抑えることができれば、電力会社は老朽化した性能の良くない発電所を運転しなくて済みます。スマートグリッド[8]というやり方です。

もうひとつ、サプライチェーンで協力するパターンがあります。たとえば、自動車用の高張力薄板鋼板の製造には、製鉄所では通常の鋼板製造よりエネルギーを多く消費し、その分CO_2も余分に排出します。しかしそれが

---

[5] 光熱費の支払料金では5月で比較するのが一般的である。光熱費は1年の中で5月が最も安いうえ、住宅の基礎力が最も現れるからである。建て替え前の光熱費は34,180円となっていた。建て替え後に減り、さらに震災前にはかなり減って13,216円。2014年は5,783円で、建て替え前と比べると83％の節約となっている。仮に建て替え前と同じ使用量で現在の料金単価とすると38,495円となるので、32,712円（85％）も得したことになる。工夫をすれば、お金も儲かるし、CO_2も減らせることが示された。

[6] Micro Grid：既存の大規模発電所からの送電電力にほとんど依存せずに、エネルギー供給源と消費地をもつ小規模なエネルギー・ネットワーク。エネルギー供給源としては、太陽光発電、風力発電、バイオマス発電、コージェネレーションなどの分散型電源がある。その間欠的なエネルギー供給特性を補うため、住宅、オフィス、学校などのエネルギー需要特性と適合させるよう、情報通信技術を利用して、ネットワーク全体を運転管理することが特徴。

[7] Transit Oriented Development：車に頼らずに、公共交通機関の利用を前提に組み立てられた都市開発または沿線開発のこと。

[8] Smart Grid：電力会社からの集中電源と送電系統を、太陽光発電等の分散型電源・需要家（消費者側）と情報通信ネットワークで統合し、電力の供給側と需要側双方の情報を取集し、供給と需要の最適化を図る「次世代電力網」（スマート＝（賢い、洗練された）、グリッド＝電力網）のこと。

自動車という製品になった場合、軽くて薄い丈夫な鋼板を使用しているため効率的な走行ができ、通常の自動車よりCO_2の排出量は削減できます。その製品の製造から使用、廃棄までにどれだけCO_2を排出したか、こうした計算をすることをスコープ3[9]といいます。全体の排出量が減ればよいわけで、どこかで損してどこかで得とれというCO_2排出削減の協力の仕方もあるわけです。

8──事例1：熱の面的利用

こうした協力の仕組みについて、実際に調査した例を紹介します。

さきほど排熱利用について触れましたが、熱をうまく面的に利用する、皆で熱を使い回すことで熱源を効率的に運用でき、CO_2が削減できます。たとえば、ボイラが分散配置されていて、その場所ごとに負荷に応じてボイラを焚くよりも、ボイラをどこか一か所に絞って最も効率の良いボイラで熱供給し、効率の悪いボイラを運転休止することで、熱源の効率的な利用が実現します。

図1は、その典型的な例で、丸の内一丁目と二丁目間の蒸気連携の例です。東京駅からみて上が皇居で、右側と左側の別系統の地区に、丸の内熱供給会社が集中冷暖房のために熱供給していました。それを2008年につなげました。道路下の埋設配管を46 m延伸し、ふたつの地区の冷暖房システムを連結することで、低負荷運転による非効率がなくなり熱効率が向上したのです。CO_2削減率は4％、年間の削減量は625トン。初期投資は1億5千万円で、仮に20年間稼働とした場合、1トンのCO_2削減の投資額は2万円弱

---

[9] 2011年に新たに公表された「GHGプロトコル／企業のバリューチェーン（スコープ3）の算定に関する基準」では、従来のスコープ1、スコープ2に加え、新たに「スコープ3」という概念・範囲に対する基準が策定された。スコープ1は事業者自らの排出、スコープ2は、電気・蒸気・熱など他から供給されるエネルギーの間接排出。スコープ3は、企業のバリューチェーン（サプライチェーン）における上流・下流すべての活動におけるGHGの排出を対象としている。具体的には、購入した物品・サービス、資本財、上流・下流の輸送・流通、従業員の出張・通勤、販売した製品の加工・使用・廃棄後処理など15のカテゴリーで構成される。

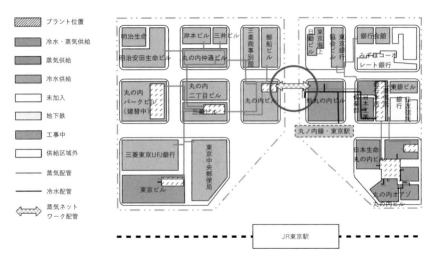

図1　丸の内一丁目と二丁目間の蒸気連携

（金利やエネルギー代金の節約分を除く）。一般的に日本では1トンCO_2を削減するのに5万円といわれていますから、割と安くできた。何故うまくいったかというと、エネルギー消費の密度が高かったからです。それと両地区を三菱地所という熟練したひとつの会社が管理していたことも成功の理由です。

9——事例2：交通需要の管理と組み合わせの向上

次にTODを取り上げます。TODは市街地をコンパクト化して、経済の活性化、行政費用の削減をもたらし、公共交通の利便性向上による自動車利用CO_2の削減につながるなど、さまざまな利益を生み出します。

有名な富山のLRT[10]の例を紹介します。富山ライトレール富山港線といい、元々はJR西日本が運営していた鉄道路線（地方交通線）を第三セクターに移管しLRT化したものです。かわいい列車が走っていて風情がある。富

---

[10]　次世代型路面電車システム（Light Rail Transit）は、低床式車両の活用や軌道の改良による乗降の容易性、定時性、速達性、快適性などの面で優れた特徴を有する。わが国では、国土交通省の補助制度や支援策が順次拡充され、2006年4月に最初のLRTとして「富山ライトレール」が開業し、沿線を中心としたまちづくりが進められている。

山駅から富山港（岩瀬浜駅）まで、従来の路線に駅を 4 駅新設して、ダイヤを 3 倍以上増やし上下 66 本にして、料金もどこまで乗っても 200 円均一としました。駅前広場を整備して 2 系統のフィーダーバスを走らせ、駅周辺の住宅整備では、2009 年には 2004 年比で 32 ％増となっています。

　このように、直接自動車から振り替わって集客が倍増した、あるいは郊外でも自動車が少なくなってスムーズな走行ができたなど、いろいろ計算すると年間 4,600 トンの CO_2 削減になっています。初期投資額は 58 億円で、このうち 48 億円は補助金です。これを仮に 20 年間稼働で CO_2 を 1 トン削減するのに幾らかかるかを計算するとおよそ 29 万円です。さきほど 1 トン削減に 5 万円という話をしましたが、それと比べると非常に高い。ですから、CO_2 削減のためだけに LRT をやると高くついて意味がない。だけどやりました。なぜやったかというと CO_2 削減だけでない複合的な価値が達成できると判断したからです。ここがポイントで、CO_2 という眼鏡だけでみてはダメなのです。

10ーー事例 3：都市植栽の強化

　都市の緑化で CO_2 を削減して気温の安定化を図ることも試みられています。川崎市にある遊休地を全部緑化したらどうなるか、シミュレーションした先生がいます。結果は、夏の温度が 2 ℃ほど低下して、冷房エネルギーの 40 ％が削減できるということです。

　それを実際にやったケースが三井不動産の東京ミッドタウンです。六本木の一等地にあります。三井不動産自身がつくったオープンスペースが 2.6 ha（ヘクタール）、それと区立公園の 1.4 ha とを一体化して緑地を形成しました。行ってみると緑が多くていいところです。1 トンの CO_2 削減にいくらかかったかを計算しようとしましたが、できませんでした。確かに気温は下がっており、昼間で 3 ℃くらい、夜間も 1 ℃くらい下がった実測値があります。ミッドタウンの利用者や周辺の住民の方などは、冷房負荷が減少

して得をしています。しかし、どのくらいの冷房需要があり、それをどれだけ減らしたかはわかりません。公共財として冷気が染み渡っているだけで、CO_2削減に関する指標がないのです。

一方、かかった金額はすごい。区立公園整備の12億円は別として、オープンスペースの2.6 haの地価は1,900億円くらい。これもやはりCO_2対策とは別の理由で成り立つから、三井不動産は実施したのです。

11──都市的手法に求められるもの

ここまで三つの事例を紹介しただけですが、ほかにもいろいろなプロジェクトが進んでいます。これらをみて、都市的手法というのは確かにあると思います。そこで、これをもっと進めるには、たとえば、都市再開発に係る法制度とか、経済目的あるいは利便性目的の法制度など、都市改造関係法制度の仕組みに環境項目を書き加えて、その事業の進展とともにさらに環境が良くなる仕組みにすることが考えられます。

現在、環境モデル都市、環境未来都市など日本中で行われていますが、この経験を分析して、どんな成果と問題点があるか、どんなコツがあるかを勉強する時期にきていると思います。その場合に、今はやりのCSV（共通価値の創造）[11]の考え方を都市環境政策の中に取り入れることも有益だと考えています。具体的には、都市改造事業を進める際に、環境負荷低減上の利益を組み込むことに役立つような「事業レベル」でのルールが必要になってくるということです。

12──CO_2削減量の計算ルールの必要性

そうした事業ルールの課題としてまずあげられるのは、CO_2削減量の計

11　Creating Shared Value：ハーバード大学ビジネススクール教授のマイケル・E・ポーターが中心となり提唱している概念。コンプライアンス（法令順守）やサスティナビリティ（持続可能性）の追求のさらに上を目指す考え方。CSVは、企業が事業を営む地域社会の経済条件や社会状況を改善しながら、みずからの競争力を高める方針とその実行と定義できる。

算ルールが統一されていないことです。事例の中でCO₂ 1トン削減当たりの投資額を紹介しましたが、これはあくまでも私の試算です。CO₂がどのくらい減るのかを計算する統一したルールがあれば、行政コストが計算できます。ある事業をやってくれて、何トンか削れれば、行政はその分楽になるので、たとえば10トン削れるなら50万円あげるとか、健康改善につながるのであれば、その分行政コストが減るわけですから、その分も差し上げるとか、いろいろな方法が考えられるわけです。ただ、その根っこになるのは、一体どのくらいの量が削減されているかということです。同時に、それが本当に削減されているのかどうか、モニタリングする手法も必要になります。

　CO₂削減の掛算はいろいろなところで考えられます。ある地域で、自動車交通をもっと便利にするにはどうすればよいか、電車ではどうか、この辺りは住宅地域にするか、緑地ではどうかなど、頭の中だけでは具体性に欠けてしまいます。地域スケールの環境シミュレーションモデルがあれば、皆が共有の財産として活用できます。

13── 環境対策は勝ち馬になれる
　本日は都市の環境取り組み例を話しました。大事なことは、関係するステークホルダーが進んで力を出せるような枠組み、ルールが必要だということです。

　これからは、環境対策は絶対の勝ち馬です。なぜなら、地球環境が汚染され、資源が乏しくなっていくなかで、世界の人口は、現在の70億人から90億、100億人と増えていくからです。これは絶対的なトレンドです。ですから、環境対策に携わったほうが得なのは明らかですし、どんな事柄にも環境性能は付随してきます。

　さらに面白いのは、環境問題はいろいろなところでつながりがあります。どこでも勝ち馬がつくれて、つながっているならば、自分の足元から始めたらいいじゃないか、というのが私からのアドバイスです。

都市における温暖化対策・エネルギー対策をどう進めるか
―― 都市計画・都市づくりの役割を考える ――

小澤 一郎（都市づくりパブリックデザインセンター理事長）

　現行の都市計画制度においては、温暖化対策とかエネルギー対策は、メインのテーマにはなっていません。

　地方自治体の行う都市計画で、これらを業務内容として組み込んでいなくても、現行の制度的目的は果たしています。ところが、近年、温暖化の問題やエネルギーに関する問題が、重要な社会的課題になっています。

　このため、多くのエネルギーを消費し、多くの温暖化ガスを排出する都市を対象として、基盤づくりや空間づくりを行う都市計画においても、エネルギー対策や温暖化対策に対する取組みを真剣に考え、行動しなければならなくなっています。エネルギー対策や温暖化対策を考えない単なる物的都市計画をやって、仕事が終わりましたということでは、社会的役割を果たせないということで、都市計画部門でもいろいろ考え始めています。

　6年前に都市計画学会でも低炭素社会実現特別委員会を設置し、温暖化対策やエネルギー対策に関する都市計画の役割や具体的取組み方についての検討を行ってきました。その結果についてもお話したいと思います。

1── エベネザー・ハワードの田園都市構想
　── 社会的課題の解決をめざす都市計画の源流 ──

　さて、話は少し飛びますが、図1を見たことがある人もおられるでしょう。「The three magnets」、3つの磁石です。エベネザー・ハワードという人の本に出てきます。20世紀初頭にイギリスで田園都市の構想を世に出して、自らその実現に向けて実行組織を設立し、田園都市を建設した人です。

図1　ハワードの「田園都市構想」

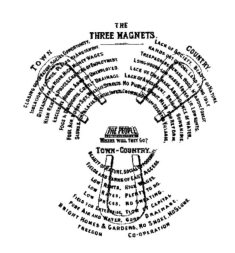

その理念を象徴的に示したもので、「Town」と「Country」、そして、下が「Town-Country」、つまり田園都市です。

　ハワードは田園都市構想をその時の政府や自治体に提案したけれども受け入れられず、本を自費出版しました。その書名が"Tomorrow"、副題が"A Peaceful path to Real Reform"、「真の改革に至る平和な道」です。当時は、産業革命直後で製造業が大都市に集中し、労働者階級の住宅も劣悪でいろいろな社会改革運動が起こりました。一方で農村は疲弊していた。そうした状況のなかで、都市でも農村でもなくそのいいところを取り入れた構想をつくり、それを実現してみせた。

「真の改革に至る平和な道」というのは、暴力的な方法ではなく、空間づくりを通して社会的課題の解決に寄与することです。こうした、社会・経済活動の場である都市を対象として、時々の社会的課題の解決にむけた仕事に取組むことが、都市づくり・都市計画の基本理念ではないかと思います。

2――都市計画的視点からみた施策統合型都市づくり

　諸々の社会的課題への対応は、それぞれの関係省庁なり関係自治体の施策として、部局縦割りに企画され、実行されています。温暖化対策は環境省、

エネルギー対策は経済産業省がやっています。例えば、温暖化対策について、国が基本方針を決めて、自治体の環境部局に流し、縦割りで仕事が進んでいくと、温暖化対策の重要な部分を構成する都市づくり・都市計画での取組みが十分に組み込まれないことも起こります。エネルギー対策においても同じです[1]。

温暖化対策のような総合的対策が必要な課題は、縦割りでは解決できないということは皆わかっています。まさに施策統合的な実施が求められています。しかし、現状はそうなっていません。公公協働を真剣にやるべきではなかろうかというのが第1点です。

そして、複雑な課題を解決する方法を探すことになると、行政分野だけではなく、民間のノウハウと実践力を最大限活用することも必要です。そういう視点でみるとPPP[2]についても、すでに現在いろいろなところで実施されている事業型PPPだけでなく、政策型PPPを含めて、オープンに社会の知恵と実行力を集約するような仕事の仕方にもっていかないとソリューションにつながらないと思います。

3——一番のプレーヤーは地方自治体

民間のノウハウと実践力を最大限活用する必要性に触れましたが、ここでは地方自治体が重要な役割を果たします。たとえば、エネルギー基本計画を決めるまでは国がやる。けれども、地域において、未利用・再生可能エネル

1　2014年の4月にエネルギー基本計画の閣議決定がなされ、未利用・再生可能エネルギーの活用を推進していくことになった。未利用・再生可能エネルギーの活用を推進する場合には、多くの場合、経済産業省の補助金等を使い、民間または地方公共団体において、FSを実施し、事業立ち上げと、その普及拡大についての施策とアクションを立てることになる。しかしその場合、エネルギー政策分野内だけでの施策展開を実施し、都市計画、都市づくり政策の立場から、未利用・再生可能エネルギーをどのように使っていくかということとの連携・協働をしないで実行すると、十分実効性が上がらないものになってしまう可能性がある。

2　Public-Private Partnership：公民が連携して公共サービスの提供を行うスキーム。PPPの中には、PFI、指定管理者制度、市場化テスト、公設民営（DBO）方式、さらに包括的民間委託、自治体業務のアウトソーシングも含まれる。

①環境政策（特に温暖化対策）
②エネルギー政策
③都市・地域政策（集約型都市形成、世界都市戦略）
④医療・福祉政策
⑤危機管理政策（防災・減災、コミュニティの安心安全）
→①②④⑤も空間づくりの"場"での実施が効果的

表1　施策統合的戦略要素となる主な公共事業

ギーをどう使いこなすかは、国では考えられないのです。地域エネルギー資源をもっている地域が考えなくてはいけません。即ち、一番重要なプレーヤーは地方自治体になります。

　しかし、地方自治体も長年にわたる行革だとか財政的な問題があって、マンパワーも予算の額も限界がある。今もてるマンパワーと資金力だけですべて実行するには無理がある。民の実践力を思い切って活用することが必要です。地方自治体においては、社会的課題の解決にむけた総合的実践力を高めるため、民の力を組み込んで行政施策を立案し、その実現を図るためのビックバン的な大転換が必要ではないかと思います。

　公公の協働、公民の協働に関して新しいレベルでの、高次元パートナーシップをつくることによって、施策統合的プロジェクトを立ち上げることを国と地方自治体の両方のレベルにおいて真剣に考えなければいけない状況ではないでしょうか。たとえば、施策統合的な取組みを行うべき主な公共施策としては、表1に示すテーマが対象になると思います。

　とくに、都市計画、都市づくりの場は、施策統合的取組みを効果的に展開するための重要な場になると思います。先に話したハワードはまさにそれをやったわけです。施策統合的実施の一つの大きな場として、空間づくりの場が重要になるということです。

4──都市計画において温暖化対策・エネルギー対策をどのように進めるか

　さて、温暖化対策やエネルギー対策のような社会的課題の解決に向けて施

第一条（目的）：「都市の健全な発展と秩序ある整備を図り、国土の均衡ある発展と公共の福祉の増進に寄与」
第二条（基本理念）：農林漁業との健全な調和を図りつつ、健康で文化的な都市生活及び機能的な都市活動を確保すべきこと、このため、適正な制限のもとに土地の合理的な利用が図られること。
→都市計画法の目的、理念に、低炭素化の実現、エネルギー対策を位置づける。

表2 現行都市計画法制度（目的と基本理念）

策統合的都市づくりをしようというのはいいけれども、それをどのように実施するかということです。

今の都市計画制度はどうなっているのか、まず現状を見てみましょう。

現行の都市計画法は1968（昭和43）年に制定され、翌年施行されました。そろそろ50年になります。

第一条、第二条は目的と基本理念です。表2に簡略化して示しました。重要なのは基本理念です。「農林漁業との健全な調和を図りつつ、健康で文化的な都市生活及び機能的な都市活動を確保すべきこと、このため適正な制限のもとに土地の合理的な利用が図られること」とあります。要は、線引きをしますよということです。市街化区域を決めて、市街化区域のなかでは宅地化を認めますが、調整区域では原則認めません、ということです。

昭和40年代は昭和30年代後半から起こった高度成長期、産業と人口の都市への大移動により住宅・宅地需要が急増しました。そのなかで、農地が荒れ、市街地も無秩序に拡大するのをいかに食い止めるかが重要な課題でした。このような状況のなかで作られた法律なので、農林漁業との土地利用の調整が基本理念になっています。ですから、今日の課題になる温暖化対策やエネルギー対策は施策対象にはなっていません。

しかし、温暖化対策もエネルギー対策も重要な社会的課題になってきていますので、自治体では、現行制度の都市計画区域マスタープランや市町村マスタープランのなかでも、温暖化対策やエネルギー対策に配慮して都市づくりを進めるという内容を盛り込むようになりました。

しかし、まだ文言（方針・考え方）だけ書いている状況です。その具体化に

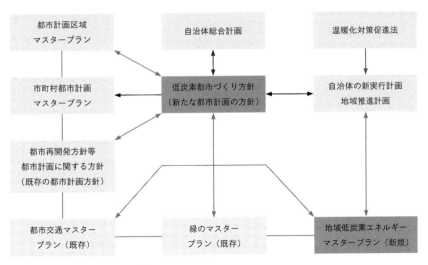

図2 「低炭素都市づくり方針」の提案

むけた取組みについてはこれからということです。

5——都市計画学会が提起した「低炭素都市づくり方針」と
「地域エネルギーマスタープラン」

　図2を見てください。これは都市計画学会で議論した「低炭素都市づくり方針」の提案です。

　各自治体では、左上にある「都市計画区域マスタープラン」や「市町村マスタープラン」をつくる場合、部門別に、緑のマスタープランや都市交通のマスタープランをつくり、都市計画区域のマスタープラン等にそれらのエッセンスを組み込みます。これらの部門別マスタープランを策定するためには、関係者が集まり、予算と人手をかけて調査・検討を行い、合意形成を図ります。そして、部門別のマスタープランで検討され、位置付けられた内容は、その後の具体的都市計画のなかに盛り込まれ、具体化に向けた取組みがされていきます。しかし、現行制度のなかでは、都市の温暖化やエネルギー対策は、まだ都市計画における具体的業務として十分に組み込まれていませ

んので、多くの場合、都市計画区域マスタープラン等での「方針」や「考え方」として盛り込まれるところまでにとどまっています。温暖化対策やエネルギー対策として、都市計画業務において具体的に何をやるか、どのように進めるのかということについて、自治体の都市計画の現場で他の都市計画業務同様に取り組んでいけるようにするためには、具体的「計画ツール」や「計画制度」の開発が必要です。

そこで、学会では、まず、都市計画の部門別マスタープランのひとつとして「地域エネルギーマスタープラン」をつくってみてはどうかという提案をしています。これは、市街地全体において、地域のエネルギー利用特性の把握や未利用・再生可能エネルギー資源の賦存量と活用可能性、および建物や街区更新も視野に入れ、地域全体で取り組む省エネルギー対策の在り方等についての分析を踏まえて、都市計画・都市づくりの場と機会を積極的に活用して、省エネ、創エネ、及び活エネに関して、都市計画部門として行う総合的取組みをまとめることを提案しています。また、未利用・再生可能エネルギーを積極的に活用する地域分散型エネルギーシステムの構築にむけた方針や、その具体化を図るためのアクションエリアの指定とそこでの取組み内容についても盛り込むことを提案しています。

6——"グリーン・ニューアーバニズム"の推進

低炭素都市づくりの推進を図るためには、私案ですが、例えば、「グリーン・ニューアーバニズム」の推進として、「7つのグリーン化」の実施が考えられます（表3）。

そして、これらの実現のために、都市計画というツールを、各施策分野が連携して使う「共通インフラ」とする、「オープン都市計画の実践」が必要であると思います。

エネルギーのグリーン化と地域経済のグリーン化が1番目と2番目に掲げられていますが、これは切っても切れない、同様の内容を示しています。と

①都市の低炭素化（エネルギーのグリーン化）
②グリーンニューディール（地域経済のグリーン化）
③都市における自然共生（環境のグリーン化）
④歩いて暮らせる街づくり（交通のグリーン化）
⑤安心・安全な街づくり（生活空間のグリーン化）
⑥質と品格のある空間づくり（景観のグリーン化）
⑦持続性ある街づくり（コミュニティのグリーン化）
⑧これらを推進するため、空間づくりを舞台として関連施策の統合的実施を図る"新たな都市計画の枠組み（オープン都市計画）"を構築し、実践する。

表3　7つのグリーン化

くに地方都市では、地域経済のグリーン化は、エネルギーのグリーン化を通じて実現していく道になると思うからです。

　例をあげてみます。林業の方が木質バイオマスを使ってもらいたいと思っても、需要がどこにどれだけあるかわからないと、設備投資はできません。地域の再生可能エネルギーを使うのはもちろん良いアイデアだけれど、それを実現しようとすると、需要をどうつくっていくかが問題になります。そのときに、まちづくりのエリアにおいて、空間づくり計画と合わせてエネルギーも一緒に検討していけば、多くの地方都市では、周辺が全部山だから山のエネルギーも使っていこうということになってくる。

　まちづくりの場の一つひとつが地域の再生可能エネルギーの需要地になれば、そこで継続的に使われていくことになる。システムがビルトインされますから。

　すなわち、まちづくりが先導役を果たして地域のグリーンエネルギーの需要を掘り起こし、結果として地域のエネルギーを通じた経済のグリーン化につながっていく。

　環境のグリーン化、交通のグリーン化、生活空間のグリーン化、景観のグリーン化、コミュニティのグリーン化など、これらを組み入れて新しい枠組みでの実践をすることによって施策統合的なまちづくりという可能性が広がってきます。

7──新しいタイプの自治体支援プログラム

　自治体では人もお金も限界があるため、温暖化対策もエネルギー対策も、たやすく実行できません。そこで自治体の支援をどうするか、民の実行力をどう活用するか、ということが重要になります。

　都市計画学会では、低炭素都市づくりとエネルギー対策の推進にむけ、新しいタイプの自治体支援プログラムを2015年春から始めました。

　モデル自治体を選んでプログラム内容についての協議を行います。そのうえで、担当職員を数名から10名程度指名してもらい、1年間その人達に、低炭素都市づくりとエネルギー対策に関する「特別研修」と、「ワークショップ」を通じたオンザジョブトレーニングをすることにしています。ワークショップのメニューには「地域エネルギーマスタープラン」や「エリアエネルギーデザイン」があります。都市計画部門の人に地域エネルギーマスタープランといっても実際に何をどう進めるかわからない。そこで、エネルギーの専門家と都市づくりの専門家と協働して、一緒につくってみましょう、ということです。

　エネルギーマスタープランやエリアエネルギーデザインを作成することによって、その先に、空間づくりとエネルギー対策の一体的取組みが立ち上がることが期待されます。

　さて、政策を実行するうえで必要な要素に、政策インフラ、実施スキーム、実施態勢の三つの要素があります。このうちの「実施態勢」が重要ですが、ここが自治体の一番のウイークポイントです。実施態勢のポイントは、①庁内部局連携・協働態勢、②コミュニティとの協働態勢、③外部マンパワーの活用です。

　①は、なかなかできません。②は多くの実績があり、①に比べるとやりやすい。とくに市区町村はやりやすい。しかし都道府県となると、コミュニティとはつながらないという問題があります。

　これからは①、②に加えて、③の外部マンパワーの活用、つまり民の実践

①公は地域における都市づくり政策に関する目標を掲げる。
②民は政策実現にむけ公と協働するタスクフォースを設立。
③タスクフォースは「ミッション及び協働のスキーム」を明示し、自治体に提案。公民で協定を締結。自治体は、タスクフォースの地域活動を支援／必要に応じ、条例により公的に位置づけ。
④自治体はタスクフォース活動の活動実費の負担を検討。
⑤タスクフォースは、政策実現にむけた手法・ノウハウの開発を行うほか、公公連携（各省、自治体部局間）のコーディネートを行う。
⑥スタートする場合には、タスクフォースにプロジェクトのマネジメントを委託。

表4　施策統合的都市づくりタスクフォースの試案

力を二人三脚として使っていく状況をつくっていかないと実行力は高まらないのではないかと思います。

8──施策統合的都市づくりタスクフォースの試案

そこで、外部タスクフォースをどう活用するかという試案をつくったのが表4です。新しい形の公民パートナーシップの考え方です。

まず公、すなわち地方自治体は、地域における都市づくり政策に関する実現目標を掲げる。その政策実現にむけて、協働するタスクフォースを民間サイドから募る。民間グループは政策実現にむけた具体的提案を策定し応募するということです。

自治体はタスクフォース活動の活動実費を負担します。タスクフォースの重要な役割は、その政策テーマの実現にむけて、自治体と一緒に地域活動をするわけですが、その他、国や都道府県レベルの公公連携についてのコーディネートを行うことも重要な役割です。民間的視点からみて、関係省庁と関係都道府県の施策なり予算を使いこなすための知恵を出すのです。最後は、政策の実現にむけて具体的な事業を立ち上げたり、事業主体の構築を含めたコーディネートを行います。

9──ドイツの「社会都市政策」

こうした考え方に近い政策がすでにヨーロッパで実施されています。ドイ

役割	①「プロジェクト運営組織」は、すべての関係者と調整を行い、計画全体のかじ取り、「地区マネージャー」と協議し
	②資金その他の利用可能な資源を管理・運用し、市町村・州・連邦に対して目的に適合した資金配分のあり方を説明。
	③「プロジェクト運営組織」は当面のところ市町村の行政機能とするが、市町村内の専門的能力・人的能力には限界がある。そのため外部委託が望ましい。
	これは「拡張行政組織体」であり、必要な法律用件を備えている場合、委託された再開発実施主体として、市町村の名前を用いて活動する。
公募	市町村が公募。
	応募者は諸分野で豊富な知識と経験をもっているもの。
	適格性のある事務のみ外部委託。

表5 「プロジェクト運営組織」の役割・公募について

ツの例を紹介します。

2000年から始められた「社会都市政策」と呼ばれるもので、テーマとしては、「インナーシティ[3]対策」や「団地再生」、「エネルギー対策」などがあがっています。

これらのテーマに取り組むために重要なのが、実施態勢です。わが国で、これから外部タスクフォースの活用を考える場合に参考になります。

ドイツ社会都市政策で、実施態勢の中核になる「プロジェクト運営組織」の概要を表5に示します。①に「地区マネージャー」という言葉が出てきます。運営組織と一緒に活動するのですが、運営組織は上流部にいて、地区マネージャーはコミュニティにべったりくっついて地区全体の利益を代表することになっています。すなわち、住民参加の原動力であり、仲介者であり、相談相手という位置づけです。重要なのは、地区マネージャーは地域利益の代表者の視点で仕事を行うという点です。この地区マネージャーも、多くの場合、プロジェクト運営組織同様に、公募によって選定されます。すなわ

---

[3] インナーシティ（inner city）大都市の都心周辺に位置し、住宅、商店、工場などが混在する地域。中国の胡同、ヨーロッパのゲットーなど「都心近接低開発地域」や都市（city）の内部（inner）にありながらも、治安悪化によりその都市全体の市民との交流が隔絶された低所得者が密集する住宅地域「都心近接低所得地域」として問題視されることがある。

ち、地区マネージャーとプロジェクト運営組織という2つの実施態勢をもって、社会都市の政策テーマを実行する。民間のノウハウをもった人たちが市町村と一緒になってやっていくのです。

10——スマートシティ構築にむけた取り組みを考える

　都市政策、環境政策、エネルギー政策を統合的に組み込んだ都市づくりをしていくためにどんな対策をすすめたら良いでしょうか。スマートシティの構築について考えてみます。

　スマートシティ構築にむけた取り組みでは、外部タスクフォースの力を借りることが重要です。民間も一緒になって行動する枠組みを考える。さきほどのドイツの社会都市の例だとか、その前にお話した施策統合的外部タスクフォースの具体化を図る話になります。

　スマートシティの構築には土地利用・都市交通、都市づくり、エネルギーシステム、これらすべてを考えなければなりません。今の日本では既存のエネルギーシステム（とくに電力）を効率よく利用するという例が多いのですが、世界的にみると個々の地域状況に応じたエネルギーデザインをすることが重要になります。全国津々浦々どこにいっても同じということはありえません。自治体は自分の地域のことはよく知っていますが、エネルギーに関しての情報量は少ない。どのような未利用・再生可能エネルギーがあって、それを活用するためにどういう条件が必要か、住民はどのような意識をもっているか、そうしたレベルまでの状況把握をしたうえで、土地利用、エネルギーミックス、交通等を含め、地域の人の意見も聞いて、わがまちのスマートシティ基本方針をまとめることが、まず大事です。

11——グランドデザインの策定とアクションエリアにおける実践

　基本方針がまとまったら、「グランドデザイン」を策定することが必要です。ゾーニングを設定し、ゾーン別にさきほどの方針をブレイクダウンし

て、さらに実現方策まで示す。そして重点的実施を図るアクションエリアを設定することも重要です。アクションエリアとしては、公共施設を先導役とし、新設や大規模改修をするところから徹底的にエネルギー対策をグランドデザインに沿ってやってみることです。

　また、都市再生事業地区や既存の中小ビル街区でも、これから建替が進む地区や、街区再生を誘導する地区については、アクションエリアとして考えていくことです。このレベルになると行政だけではできないし、コンサルタントを雇ってもすぐできるものでもありません。

　アクションエリアにおける計画策定や事業立ち上げについては、外部タスクフォースの活用にむけて公募を検討してみたらどうでしょうか。公募に提案して、選ばれた人を、地域のスマート化に向けたファシリテーターとして認定します。先程の、ドイツで言う運営組織、地区マネージャーと同じです。事業の立ち上げができた時には、事業の実施に向けてファシリテーターがプロジェクトマスターとして全体を仕切っていくということです。これらについて体系的に関係者の役割や責務を定める行動規範や規約をまとめることも必要だと思います。要は行政だけではなく、民間の実行力や知恵をうまく使って二人三脚でやっていく方策を是非考えたらどうでしょうか。

12──地域エネルギー政策の推進を考える

　次に、地方都市における地域エネルギー政策について考えてみます。地方都市が、ソーラーと木質バイオマスを活用してコンパクトシティ化に向けて確実に前進することが、全国の地域グリーンニューディールの実現に繋がる非常に重要なポイントだと思います。

　国のエネルギー基本計画ができたので、県のエネルギー戦略なり、個別市町村のエネルギーアクションプランなりを作らないといけませんが、一番大事な市町村レベルの対策としては、たとえばエネルギー対策推進条例（表6）を考えることも検討課題になると思います。そこでは、未利用・再生可

主な内容	未利用・再生可能エネルギー資源の積極的活用に関すること
	省エネルギー対策の推進に関する地域的取組みに関すること
	上記を踏まえた自立分散的エネルギー圏の構築に関すること
主な項目	都市における総合的なエネルギー調査の実施(地域実情の把握)
	「都市エネルギーマスタープラン」の策定
	ZEB／ZEHの推進
	都市エネルギー体系の実現にむけた公共施設における先導的取組み
	面的都市づくりの場における積極的取組み(エリア・エネルギーデザイン＆マネ)
	アクションエリアの指定、地域協議会の設置とアクションプランの策定
	道路・公園地下占用の特例
	地域エネルギービジネスと雇用の創出のための施策
	行政の役割(先導的取組み、部局連携、インセンティブの整備等)
	エネルギー会社の役割、建築主体の役割、設計事務所・建設業者の役割
	学会・NPO・専門家と行政の協働態勢の構築など

表6　都市エネルギー戦略（都市エネルギー対策推進条例）案

能エネルギーの積極的活用に関すること、省エネルギー対策に関する地域的取組みや上記をふまえた自立分散的エネルギー圏構築に関することを内容とします。

　さらに具体的項目としては、エネルギー調査のこと、エネルギーマスタープランの策定、関連機関の参画と協力の責務のこと、面的まちづくりでの積極的な取組み、アクションエリアをどこにして地域的な合意形成をどのように進めるか等についてまとめて公表します。こうした具体的地域エネルギー施策を示すことにより、当該地域におけるエネルギー政策が理解されやすくなります。

　国の制度・施策を待つだけではなく、地域エネルギー政策の構築やその推進のための条例の制定などについて、積極的な自治体から是非具体的アクションが起こるといいと思います。

TOKYO 2020

東京都心の防災とエネルギー事情
　　尾島 俊雄（早稲田大学名誉教授）

東京の秘められた「文化資源区」
　　伊藤 滋（エコまち塾長・早稲田大学特命教授）

座談会：2020年への東京の都市環境と国際都市間競争力
　　伊藤 滋、尾島 俊雄、吉見 俊哉（東京大学大学院教授）

東京都心の防災とエネルギー事情

尾島 俊雄（早稲田大学名誉教授）

くしくも今日は4年前に東日本大震災が発生した3月11日です。丸4年前、私は新橋第一ホテルで講演会をしていました。大きな揺れで、その瞬間天井のシャンデリアが落ちる危険を感じて皆さんを誘導しながら外に出ました。私は1983年から中央区のまちづくり協議会会長を10年やっておりました。今は銀座の8丁目にオフィスがあり、講演会をすぐに解散にしてオフィスに戻り、一晩明かして街中をうろうろした経緯があります。帰宅困難者の問題等、いかに東京も大変だったかをその時痛感いたしました。そこで本日のテーマは、自分がいるこの都心は本当に大丈夫なのか、都心のエネルギーは本当に大丈夫なのか、という身辺のことを考えながら、都心の防災とエネルギー事情についてお話します。

1──2020年の東京オリンピック・パラリンピックに向けて

　2020年に第2回の東京オリンピック・パラリンピックが開催されます。第1回目は1964年。ちょうど私が建築の大学院に進んだときで、丹下健三さんが代々木でオリンピックプールをつくるということで、大学院の4年間は完全に代々木のプールのお手伝いで、修論も博士論文も何を書いたか覚えていないぐらい頭の中は代々木のプールだけでした。そして50年を経過した現在、国立競技場や都のアクアテックセンター[1]の面倒をみたりしております。そういうことで、オリンピックに対する思いは人一倍強く抱いており

---

[1] 競泳・飛込・シンクロナイドスイミングの会場となり、大会後は、収容可能人数を20,000人から5,000人に縮小して、利用しやすい規模の水泳場に改修する。

	危険性×脆弱性×経済価値	
東京	710 = 10.0 × 7.1 × 10.0	（95兆円の損害予想）
N.Y.	42 = 0.9 × 5.5 × 8.3	
ロンドン	30 = 0.9 × 7.1 × 4.8	
パリ	25 = 0.8 × 6.6 × 4.6	

表1　自然災害危険度指数（2003年ミュンヘン再保険会社）

ます。と同時に今回は本当に大丈夫なのかという心配もあります。

　第1回目と2回目ではまったく時代がちがいます。1964年当時、東京は一千万都市で人口だけは多いけれど、中身は空っぽですね。まさに廃墟の東京を新しくつくり上げていくために、街中が燃えていた、そんななかでのオリンピック会場の建設でした。都市防災の面でいえば、1964年はよかったといったら語弊がありますが、低層建物や空地が多いですから、潰れてもすぐ外へ逃げ出せたのです。高速道路があるわけでもないし、車の心配もないし、東京はまさに建設途上のところでしたから、むしろ危険は少なかった。

2——自然災害危険度指数が最高の東京

　ところが今はどうでしょう。膨大な地下街、超高層建築がつくられ、新幹線ができ、車は何十倍もの保有台数です。高速道路も40倍に膨れ上がり、エネルギー消費量は莫大な量になっています。私は当時であれば逃げられたけれど、今は逃げられないのではないかと思うのは、当時と比べて高密度化と、高齢化が進んでいるからです。

　そう考えますと、やはり1964年当時の安全に対する考え方と全く違うかたちの安全対策をやらなければならないということです。有名なミュンヘン再保険会社の2003年度報告（自然災害危険度指数）の表1に示した710という数字は、危険性、脆弱性、経済価値を掛け合わせたものです。他の国際都市と比べて桁違いです。95兆円の損害予想とは、東京直下型地震などの災害が起こったときの中央防災会議の損害費用予測です。

　個々の建物でみたら、日本の建物は決して世界にひけをとらない安全性を

もっています。しかし災害が起こる確率、周辺の危険度や経済的被害額が高いので全部合わせると大きくなります。この数字はいろいろと批判があり、私も認めたくありませんが、謙虚に受け止める必要があります。

3──熱帯夜の連続の中で開催されるオリ・パラ

　1964年の東京オリンピックは10月に開催されました。2020年の東京オリ・パラは7-8月で、熱帯夜の連続のなかで40日間も開かれることになります。朝まで25°C以下に下がらない都市は世界中どこにもない、そのような状況に東京は置かれています。少なくとも、冷房なくして人が住めない環境に置かれている東京に対して、もし電気が止まったときどうなるでしょうか。

　競技場の屋根付きのなかで、冷房しなかったときの7月8月のオリンピックはありえません。こうした状況に置かれていて、5,000 kWの電力を国立競技場のために用意できるのか。アクアテックセンターに数千kWの電力を仮設で供給できるのか。そういう相談を第2回オリンピックのために今やっているわけです。原発再稼働なしで、キーであるエネルギー源が確保されていない状況を理解しておいてほしいと思います。

4──2005年の日本学術会議の「勧告」

　こうした懸念事項に関係してくるのが、2005年の日本学術会議の「勧告」です。私はここにおられる伊藤滋先生の後、2期にわたって日本学術会議の会員になりました。学術会議は210名の各分野の先生方で構成されていますが、建築界からはたった2名の会員しかいません。学術会議は唯一のアカデミーの機関として内閣総理大臣への勧告権をもっています。そして勧告したことについては、政府は3年以内に回答しなくてはいけません。私は建築界の代表として主張しなければならないと考え「大都市における地震災害時の安全の確保について」と題した勧告を出しました。1981年の新耐震

基準も学術会議の勧告でできたという経緯があります。建築界としてはその時以来の勧告です。内容はつぎの3つです。

　ひとつは既存不適格建築物の問題です。1981年以前の建物を今そのまま存続させていくこと自体が本来あってはならないことです。しかし1981年以前の建物もまだ4割ほど残っています。ですから既存不適格建築物の耐震性強化はぜひ必要です。それと木密地域ですね。危険な密集市街地の防災対策を推進するための法改正です。

　ふたつめは地下街です。ご存知のように、地下街には厳しい規制があったのです。5省庁の通達があって、地下街は本当に厳しい規制がかけられていました。しかし地方活性化と規制緩和の流れで、地下規制をすべて撤廃しました。5省庁通達が御破算になったため、民間ビルの地下階と道路下の地下街や地下駐車場、地下鉄や鉄道駅の地下がもう立体迷路のごとくになりました。そういう地下街がつながっていて、一朝ことがあったら被害は計り知れません。大規模化・複合化する都市地下・高層空間について、地震をはじめとする災害に対して、統合的防災基準と危機管理体制は確立しておかなければなりません。

　三番目は、ライフラインと情報インフラをなんとかしてほしいということ。広域災害時の安全確保対策として、病院船[2]や感染症対策等の緊急医療体制です。加えて、公共の安全のための電波の割り当てがないことも問題です。阪神大震災時は公衆電話がありましたが、現在はほとんどありません。携帯電話やスマートフォンが本当に使えるのか、ということです。

　ここにあげた3つは、現在でも大都市においてほとんど完備されていないのです。

---

[2] 戦争や飢餓、大災害の現場で、傷病者に医療ケアの初期一次医療を提供し、病院の役割を果たすために使われる船舶。

5——都市インフラだけでなく、自然の環境インフラも

　この「勧告」と同時に「声明」も出しました。アカデミーとしては、日本の大都市問題としてこのくらいは言っておきたい、ということです。

　この声明は「生活の質を大切にする大都市政策へのパラダイム転換」というものです。これも3つあります。

　ひとつはBID[3]やエリアマネジメント[4]の問題です。市街地縮減時代を迎えて、人々が積極的に推進できる方策が必要です。

　もうひとつは、都市においては自然のインフラも必要だということです。「水の道」と「緑の道」と「風の道」です。「道」とは連続した空間ですね。日本の大都市の中途半端な過密さがいかに「道」を阻害しているか。公私の空間を問わず「道」を再生する必要があります。すべてのエネルギーは最終的には熱となって捨てられます。熱力学的にいうとエントロピーマキシム、つまり飽和状態になるまでヒートアイランドがいつまでもなくならない。「ヒートアイランド」については大綱までつくられているのですが、依然として全くなくなっていないのです。

　そして3つめが、そのヒートアイランド現象の緩和に科学的な対策を立てるための気象観測体制の充実です。アメダスで気象観測をしていますが、東京には観測点は3点しかありません。韓国のソウルでさえ20点です。一千万都市でたった3点しか気象観測していないのは異常といえます。せめて20点ほどあれば、ヒートアイランド対策を含めて、コジェネを入れたときにその排熱がどうなるか、熱帯夜がどうなのかということもわかります。海辺近辺に熱帯夜はありません。どのエリアまでなのか含めて明らかにでき

3　Business Improvement District：法律で定められた特別区制度の一種で、地域内の地権者に課せられる協働負担金（行政が税徴収と同様に徴収する）を原資とし、地域内の不動産価値を高めるために必要なサービス事業を行う組織を指す。
4　身近な生活圏内の一定のまとまり（エリア）において、さまざまな活動の担い手が連携を図って活動主体や組織を構成し、人材や資源を活かしながら、地域課題の解決や街の価値向上を図るなどの目標を掲げて取り組むことで、特性や魅力あるエリアをつくり、管理、運営していく活動。

6——COP3の京都議定書から2015年のCOP21へ

　地球温暖化防止のテーマに移ります。日本はこれまで1997年の京都議定書採択以降、CO_2削減に寄与しています、と世界中に華々しくいいつづけてきましたから、大きな義務を負っています。現在、CO_2排出量は中国と比べて段違いに少ないというのだけれど、依然として、中国、米国、ロシア、インドに続いて第5番目の排出国です。

　1997年当時、私は建築学会会長として、学会声明を出しました。日本建築学会は個人会員からなる4万人の日本最大の学会ですが、「日本の建築はすべからくCO_2排出量を30％削減すること、それから建築寿命を3倍に延ばすこと」という内容です。その後も、建築学会では、建設業協会、建築士事務所協会、建築士団体連合会、建築家協会の4つをまとめて建築界あげての声明を出している。建築を長寿命化させよう、100年もたせる建築をつくろうと、理事会で決議して実行に移す努力をしてきた経緯があります。

　それなのに2015年、今年の秋、パリのCOP21にむけて日本は何もいえない状態に置かれています。3.11以降の日本は恥ずかしい状態です。EUは早くから2030年にはCO_2排出を40％削減するという目標を掲げて、それを実現できるだけの仕掛けを都市インフラとしてつくり上げてきています。都市での排熱利用やZEBを含めて、ものすごい勢いで生活の場で培っている。

　一方、日本ではこれといって主張できることは少なく、ただいえるのは、日本は石炭火力の技術が進んでいますから、発展途上国への技術移転による支援が可能なこと、また、2020年からの世界全体での1,000億ドルの資金拠出のうち、日本は15億ドルの拠出表明をしていることぐらいです。

7 ── 3.11から学んだ「災害基本法」「災害救助法」

　冒頭で3.11の話をしました。4年前に体験したことを経て何が変わったかというと、その年末の中央防災会議で災害対策基本法のなかに津波が加えられました。第3編の「津波災害対策編」です。そしてもうひとつは地域防災計画の原子力災害の対策編を新たにつくりました。

　なかでも私は災害救助法が大きな問題だと考えています。3.11であれだけ多くの人たちが避難した状況のなかで、避難者はどうだったのか。仮設住宅でいまだに関連死が出つづけているのはやっぱりおかしい。避難所と仮設住宅は厚生労働省の所轄なのです。まずしばらくだけは厚生労働省で命を預かりますということで、これらは「住宅」ではない避難場所なのです。災害公営住宅になって初めて国土交通省の所轄で、建築基準法に沿った建築ができるのです。それなのに、仮設住宅が人の主である「家」のような形で存在していること自体がおかしい。7か月が限度のはずなのに4年も経過しました。これ以上仮設住宅で住まわせてはならない。本来の住宅ではない、要するに建築家の責任ではないのです。こうしたことを含めて災害救助法を改めなければいけないと今強くいっています。災害基本法も災害救助法も改めねば、本当に日本の住環境をまともに確保することにならないわけです（2013年に災害対策基本法の改正で、本法の所轄は厚労省から内閣府に移った）。

8 ── 福島原発事故と第4次エネルギー基本計画

　福島の原発事故以降、エネルギー基本計画の見直しはのたうち回った感があります。原発の停止で火力発電が大幅に増え、化石燃料依存が増大して国富の流出が激しくなっています。また、中東依存の拡大、電気料金の上昇、温室効果ガス排出量の急増が進行中です。

　今回の第4次エネルギー基本計画では、原子力について、安全を大前提にしながら重要なベースロードとすると定性的に書かれています。「安定供給・コスト低減・環境負荷低減・安全性を第一に、原発再稼働、再生可能エ

ネルギー利用の度合いを見極め、実現可能なエネルギーミックスを提示」となっているのです。

　ここで注意しておきたいのは、この見直しでは3つの選択肢が示され、原発については、0％、約15％、約20-25％の場合に分かれていますが、コジェネは選択肢1、2、3とも15％です。2010年の策定時には8％でした。ということは、どんな選択肢が採用されようとも、私たちはコジェネ15％を普及しないと成り立たないという前提に置かれているということです。そうなると東京都心にもコジェネをもっと普及させなければならないことになってきます。

9——建築インフラと都市インフラの比較

　東京にもっとコジェネを置くためにはどうすればよいか。そしてどのような方法が合理的なのか。コジェネを置いて電気と熱を両方供給する場合、建築インフラとして個別熱源とする方法と、都市インフラとして地域熱源とする方法があります。

　この比較を都市環境エネルギー協会で丸1年かけて、八重洲地区を中心にケーススタディしたのです。単独でやった場合と建物をネットワークでつないで排熱利用をした場合の比較です。大規模建物と中規模建物に分けて比較し、さらに大規模建物では、「A. 個別熱源」「B. 地域冷暖房」と「C. 地域冷暖房＋コジェネ（特定電力供給）」「D. Cに加えて未利用エネルギー利用（ゴミ焼却排熱蒸気）」、中規模建物は「E. 個別熱源」「F. 面的熱供給」で検討しました。いずれも一緒に組んだ方（B、C、F）が省エネルギーになります。ただ、CとDのコジェネでは、起こした電気をどの程度売るかによってその差は違ってきます。コジェネの発電効率は今や40数％という高効率なものになっています。いずれにせよ、ゴミの排熱を含めて、排熱利用が確実に省エネルギーにつながってきます。

　問題は置き場所、熱の捨て場所、それから排熱のパイプラインができてい

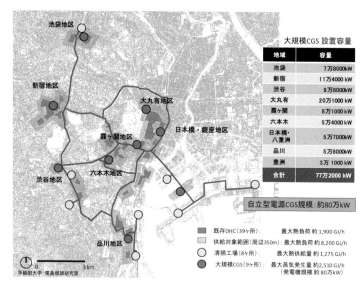

図1　東京都心排熱熱導管ネットワーク構想

ないことです。図1が東京都心排熱熱導管ネットワーク構想です。湾岸から、日本橋・銀座地区、大丸有、霞が関、六本木、渋谷地区を経て新宿、池袋に至るネットワークです。排熱のパイプラインをぜひつくりたいのです。

10——大丸有地区と日本橋・八重洲地区の低炭素まちづくり

話をもっと身近な地区にします。千代田区の大丸有地区と中央区の日本橋・八重洲地区です。

大丸有地区では、2000年をベースにして2025年には建物床面積が1.5倍になると想定したうえで、省CO_2対策によって40％削減の戦略が立てられました。その内容は、建物単体の省エネ性能の向上、地域冷暖房プラント間の接続・ネットワーク化、大規模コジェネ、下水熱利用システムの導入などの熱の面的利用、屋上での太陽光発電や周辺飲食店の食品廃棄物のバイオガス転換利用などの再生可能エネルギーの導入、晴海清掃工場からのゴミ焼却熱（蒸気）の搬送などで構成されたものです。それぞれが省エネをし、排熱

利用をしながら、かつゴミ焼却熱をうまく使うやり方です。丸の内仲通りでは新都市共同溝でCGS活用策が建設中とあって、省エネの地域計画を続けてほしいと思っています。いずれにしろ、大丸有地区が一生懸命やっていることが、周りに良い影響を与えているようです。

　中央区の日本橋・八重洲・京橋・銀座地区でも同様に、①新ルールでの建て替え（DHC加入建物の増加）、②ビル設備の効率化、③DHC熱源機器の高効率化、④大規模CGSの導入、⑤中央清掃工場排熱利用などのネットワーク構想で、低炭素まちづくり（エコまちづくり）が検討されています。

11──新しい都市共同溝を公共投資で
　私は中央区に新しい都市共同溝をつくりましょうと提案しています（図2）。銀座通りの共同溝は大きすぎるから小さくしろという声がありますが、とんでもない間違いです。新しいタイプの共同溝として、排熱利用と中水道、情報通信、いざという場合の消火栓やトイレ等の貯えを、ビル間で共同して、あるいは地域として確保する戦略をもってほしい。そのために、国土強靱化とかいろいろな立場の法律で援護していただきたい。

　また、エコまち法（都市の低炭素化促進に関する法律）もそうですが、エネルギーバックアップのために、系統電力に加えて中圧ガスを利用した地域分散型のCGSをぜひとも活用してほしい。中央区の三十軒堀にまだ地下空間がありますから、この地下空間に排熱利用パイプ、そこからの枝状の排熱利用、これは同時にCGSの排熱利用にも使用する、ということで地域のインフラをぜひつくってほしいものです。これらは中央区に限られたことでなく、本日のテーマである都心の防災とエネルギー利用には欠かせないものです。

　とくにこれから東京建物さんを中心に、この地区全体の大きな開発が起こります。自分の建物だけでなく周りの建物との関連性を高め、それに対して学会を上げて支援する、国をあげた官の支援もぜひともいただきたいと思っています。

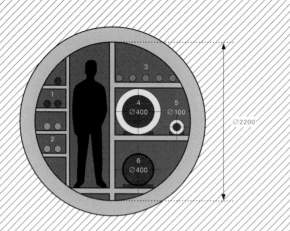

1：IT回線
2：通信情報IT回線
3：電力専用回線
4：排熱導管
5：環水管
6：上水管

新都市共同溝（二つ以上の新都市インフラ等を収容するために道路下に設ける施設）の導入効果

都市機能向上：先行的な道路空間確保により計画的な都市基盤形成促進可能

計画的整備向上：需要に対応して、柔軟に計画的な敷設ができ、先行投資リスク低減

供給の安定性向上：常時点検が可能で、維持管理性向上、維持管理費用の低減

まちなみ景観向上：無電柱化や植栽空間増加による都市美観の向上

交通機能向上：道路掘り返し時の交通渋滞・障害除去、路上物件の地中化による有効空間確保

都市居住・防災性向上：道路掘り返し時の事故、騒音・振動等除去。地震等からの地下埋設物件の保全管理

図2　新都市共同溝（標準断面）

東京の秘められた「文化資源区」

伊藤 滋（エコまち塾長・早稲田大学特命教授）

1——東大と藝大の距離

「東京文化資源区」の話をします。これはのちほどの座談会で吉見先生も触れられると思います。事の発端は「東大の不忍池に一番近いところに門があるのを知っていますか？」と、吉見先生がぶらっと僕のところやってきて話したことです。答えは池之端門です。東大の正門から真っすぐ東に行って坂を下るとこの門に出ます。さらに50メートル下りると不忍通りです。その向こうを見ると不忍池と上野の山の公園がある。「あそこに何があると思います？」と聞かれたので「博物館も動物園もいろいろあるね」と答えたら、狙いは東京藝術大学だというのです。つまり池之端門からゆっくり歩いても10分ほどで藝大につきます。それなのに東大と藝大に交流はほとんどありません。藝大の美術学部、音楽学部はそれぞれ古文書、古美術、古博物をもっている。東大の赤門の横にも博物館があって、やはり古文書、古美術、古博物がある。この二つを見てもらうことで、すごい文化的な価値が生まれるに違いない、というのです。吉見先生のご専門の一つはアーカイブです。私は吉見先生の話を聞いて、目からうろこが落ちる思いでした。

2——眠れる美術館群・博物館群

しかし、吉見先生は私にとんでもないことをいいだしました。「池之端門からの狭い坂道を壊して立派な道路にしてくれませんか」と。私が都市計画の専門家であることをみこして、お前ならできるだろうと無理難題をもちかけてきました。もちろん、できっこありませんけれど、確かに藝大と東大を

結び付ければ、藝大の博物館、それに国立博物館と科学博物館、プラス東大の博物館もあって、展示する作品数から見れば、ベルリンの博物館群、ロンドンの王立博物館と比べても肩を並べることができます。それなりの美術館群・博物館群が形成される。日本は小さい美術館、博物館をいくつもつくっていますが、その気になって集めれば相当なことができるわけです。

　たしかに、これから東京に来る知的な人たちに、「銀座ばかりでなく、こうした静かなところに来て勉強すると面白いですよ」といえる素材が東大と上野公園界隈に眠っているのです。眠れる資源です。

3──江戸時代の不忍池を取り戻す

　上野の動物園と植物園についても、私の見方を申し上げます。私は30年ほど前に上野の動物園はいらない、と本に書いたことがあります。こうした狭い場所にあるから、のびやかな動物園にならない。植物園も同じ。両方をウォーターフロントにもっていって面積を2倍、3倍にして水族館も加える。全部都立ですから入場料を1,000円にすれば、子連れの若夫婦は一日中楽しめるわけです。なにもディズニーランドへ行って何万円も使う必要はありません。

　この話をしたら、今度は吉見先生が、不忍池にとなりあった水上動物園を取り払えばいい、といいだしました。大正の初期の不忍池は、当時のライト型飛行艇を飛ばしたほど広々としていた。それが今ではあんなに葦が生えて柵で囲っている。水上動物園もウォーターフロントにもっていきましょう。

　そうすると、ここには昔の江戸の絵にあるような不忍池ができあがるわけです。

4──知的リテラシー発祥の街

　こんどは話が飛んで神保町になります。「神保町はすごいですよ。世界一の古本屋街です」と吉見先生はいわれます。ここには百数十軒の古本屋が集

まっている。古本はおもに和漢書で、それぞれの店がどこかの倉庫に平均1万冊ぐらいをもっているから、足すと百数十万冊の和漢書が神保町の背後、見えない倉庫群にあることになる。これを中国人などに対して、あの古本屋にいけばこんな貴重な本がありますと、丁寧に案内することができれば、外国人にとってオープンな蚤の市型の博物館になるということです。さらに、神田には500以上の出版社が集積していますから、出版物や出版関連団体の密集度も世界一です。

　それに、明治初期の神保町には、東京大学や一橋大学、東京外国語大学などの官学のほかに、学習院大学、明治大学、中央大学、専修大学、日本大学などの私学が集中していた。隣の築地は外国人居留地でした。のちに立教大学や明治学院大学、青山学院大学がそこで生まれています。慶應義塾も創立は築地鉄砲洲です。これらの大学は、ここから東京中に散っていきました。早稲田大学だけは違って田んぼの中にポツンとできた。ですからここは、近代東京の知的リテラシーの高さを誇った地区であり、「書生の街」の文化圏を形成しているのです。

5――敗者の公園から

　こうした話題が吉見先生と1時間以上続いているうちに、寛永寺の話になりました。

　徳川家の菩提寺は、北の寛永寺と南の増上寺です。明治維新のとき、江戸城が無血開城されたのち、彰義隊[1]は負け戦覚悟で、寛永寺の寺領である上野に立てこもって、薩長を主体とした官軍と戦った。官軍は本郷から上野に砲弾を撃ち込んで、上野一帯は焼け野原になっています。

　新政府にとっては、南の増上寺は恭順の意を表しているのに対し、北の寛

1　彰義隊（しょうぎたい）：1868年（慶応4年）に結成された部隊で、幕府より江戸市中取り締まりの任を受け江戸の治安維持を行ったが、上野戦争で明治新政府軍に敗れた。上野戦争では、政府軍が寛永寺一帯に立てこもる彰義隊を包囲し、雨中総攻撃を行い1日で撃破した。寛永寺も壊滅的な打撃を受けた。

永寺は彰義隊を立てこもらせて、けしからんと。増上寺の寺領は没収されませんでしたが、寛永寺の寺領は没収されています。敗者と勝者の差です。だから上野公園ができたのです。明治政府は、列強に対して国力を示すために万国博（内国勧業博覧会）を開催することになった。ここがちょうど良い敷地になったわけです。この万国博を契機に、やがて公園内に、博物館、美術館、動物園などが集中していきます。

6── 天守閣と「Central Tokyo North」

　私は1年くらい前から、「江戸城の天守閣を作ろう」という運動に参加しています。集まった人たちの平均年齢は70歳くらいです。明治、大正、昭和の歴史を子供のころからきちんと勉強してきた人たちが、やっぱり天守閣を作らなきゃおかしいと集まったのです。

　そこで、北の丸公園の天守閣を起点にして真北に上がっていく筋を考えたのです。天守閣の復元がもし無理だとしても、その代わり一ツ橋を主体にして、東京の中央を真北にあがっていく。それを私たちのグループは、「Central Tokyo North：東京文化資源区」[2]と命名しました。恰好いいでしょう。

2　東京文化資源区（Central Tokyo North）　http//tohbun.jp
2020年以降の新たな東京をつくっていこうと2014年6月に「東京文化資源会議」が設立された。会長は伊藤滋（早稲田大学特命教授・東京大学名誉教授）、幹事長は吉見俊哉（東京大学教授）が務める。
「東京文化資源区」とは、東京北東部の谷根千（谷中・根津・千駄木地区）にはじまり、上野、本郷、秋葉原、神保町、湯島に至る6地区の名称で、これら6地区がわずか半径2kmの徒歩圏に集中的に立地している。この「東京文化資源区」には近世・近代・現代と時代をまたぐ文化資源が集中している。具体的には、谷根千は町屋と路地の街並み等による「生活文化資源」、上野は博物館群と東京藝術大学による「芸術文化資源」、本郷は東京大学による「学術文化資源」、秋葉原はマンガやアニメ等の「ポップカルチャー資源」、神保町は古書店街と出版社による「出版文化資源」、湯島は湯島天満宮や湯島聖堂等、神田は神田祭等江戸の伝統を引き継ぐ「精神文化資源」が集積している。
そして、「東京文化資源区」は高度経済成長期以降の大規模な開発から免れることで、東京における文化資源の宝庫として価値を維持し続けており、文化、環境、観光等の様々な視点から、街としての新たな可能性が注目されている。　また、この文化資源・知識資源を活用することで、レガシーとクリエイティビティ両面を提示できる重要な場所として、東京から全国に、さらに文化資源を備える海外の都市にも波及する世界的なモデルとなり得るものとして期待されている。

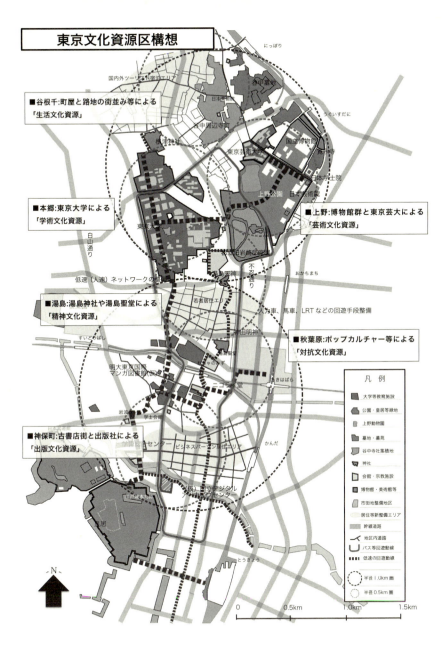

一ツ橋をずっと上がると神保町です。その駿河台を上がっていって、湯島の聖堂、神田明神、湯島天神、それから不忍池を経て岩崎邸庭園、東大、藝大となります。すると、その北の谷根千はどうするのと。江戸時代からの寺町谷中と根津権現の門前町の根津、明治期からの屋敷町の千駄木ですから、ここも入れましょうとなったわけです。

7──岩崎邸の園芸生活をとり戻そう

　話を神田神保町から北へ戻します。神田明神、湯島天神から少し上がると岩崎邸[3]があります。現在は、都が国から岩崎邸の土地を半分借りて公園にしています。明治時代に建てられた木造の洋館が残っている。残りの半分は、国家公務員宿舎や関東財務局の建物で、コンクリート造りのつまらない建物が並んでいますが、もとは岩崎邸のサービスヤードでした。丁稚や番頭、女中さんたちが、賄いをしたり、洋服を作るなどの裏方さんたちが住んでいた。和風建築だったのです。その二つが一緒になって初めて岩崎邸といえる。ですから、温室や菜園が広がっていた財閥家の園芸生活の復元を含めてもう一度原型に戻して、表の迎賓館を含めて公園にする。あの公園に立つと、不忍池から上野公園が一望できる。そしてもう少し行くと谷根千です。

8──「ギブミーチョコレート」を反省して

　2020年を考えましょう。東京オリンピックがどこの軸で行われるかというと、国道246号線[4]の青山から駒沢にかけてです。僕の先輩である、高山英華さん、丹下健三さんが作ったラインです。1964年のオリンピックを控えた東京の自動車社会への対応でした。246号線の渋谷、駒沢近辺ですが、

3　旧岩崎邸（都立旧岩崎邸庭園）：1896年（明治29年）に三菱創設者・岩崎家本邸として建てられた。英国人建築家、ジョサイア・コンドルによって設計された。木造2階建て・地下室付きの洋館は、本格的なヨーロッパの邸宅で近代日本住宅史を飾る洋風木造建築である。
4　国道246号線：東京都千代田区三宅坂交差点を起点に神奈川県県央地域を経由して静岡県沼津市に至る一般国道。港区（北青山一丁目）、渋谷区、世田谷区などを経由。

ここは全く別の見方をすると、「ギブミーチョコレート・ロード」なのです。

　戦後にアメリカ軍が六本木の近衛連隊と第一連隊のところに駐留して、それから代々木の練兵場にバラックを作り、下士官たちの住居にします。昭和20年、僕は14歳でしたが、いとこたちは5、6歳でした。これらの子供たちは、昭和21–23年頃、可哀想に何もないからお腹が減って仕方がない。そこで、六本木の第一連隊の門の前で、下士官が出てくるのを待っているのです。ギブミーチョコレートですよ。ハーシーチョコレートをくれました。日本が負けたなんて忘れるくらい美味しかった。

　それからずっとあの通りはアメリカ文明通りなのです。あそこには、ドイツのロマンチックな芸術もフランスのシュールな文化も入っていません。だからこの70年間、アメリカ文明に支配されて東京の近代化が育って、現代になった。あの時、ギブミーチョコレートといった年寄りが、自分の反省も込めて、これでいいのかということを考えるのにちょうどいいではないか、と思うのです。

　東京にも文化があった、東京は江戸から400年の歴史をもった立派な都市ではないか。そうした文化をきちんと味わう場所を作ってはどうだろう。樋口一葉、森鷗外、夏目漱石など、明治の文士がいっぱいます。その文士たちが全部、これまで紹介した東京の街を歩いているのです。

9——宿屋の風情をみつめなおす

　僕がこれから具体的に改良したいと思っている場所は二つあります。一つは、神田明神から湯島天神への通り。湯島の台地の坂の下にある道で、南北に狭い道があります。たぶん旧道なのでしょう、幅が6メートルしかない。古びているけれど、昔の職人の家があったり、うどん屋があったりします。この幅6メートルの通りの両側に、木造で平入り2階の長屋建築をずらっと並べる。そこに食べ物屋や雑貨屋など風情のある店舗を入れ、2階は泊まれる施設にする。そういう街並みを意図的に作ってしまおうと考えています。

たとえるなら、京都の産寧坂[5]に土産物店や陶磁器店が並んでいるでしょう、あれを平らにした感じです。

問題は容積率で、300％の指定です。そうなると普通の建て方では6、7階建てになってしまって風情がありません。不動産屋に言わせたら、こうした場所に2階、3階の長屋建物を作っても、そろばん勘定があいませんとなるに決まっています。それでもやってもらえる不動産屋がないかと思案しています。こんなに面倒がかかることは、大手の不動産屋はやりません。中小規模で面白い不動産屋がいないでしょうか。

もうひとつは湯島。10年前ぐらいまではラブホテルの牙城でした。ところが最近、みな年をとってお客さんが少なくなってしまった。ですからここは、学生宿風にして、ベッドルームは清潔に作り直して、外国から来た人たちに泊まってもらえるような宿屋群にしよう、と真剣に話し合っています。

10──回遊できる街、散策できる道を作る

このように、東京文化資源区は、神保町から本郷、秋葉原まで広がる「学生と出版の街」と、上野から湯島、谷根千まで広がる「芸術と宗教の街」、この二つの文化力の磁場を結びつけることができるのです。

江戸時代から町人文化の中心地であった都心北は区画が細かく、大規模開発からは取り残されました。そして、路地が縦横に張り巡らされていた明治の東京は、歩くことが経験につながる街でした。しかし現在では、これまでお話しした諸地区の結びつきは失われ、街を散策する回遊性もなく、地区を結ぶ交通アクセスも貧弱です。

上野や本郷と神保町の間には湯島がありますが、南北軸の湯島天神と神田明神、湯島聖堂はつながれていません。歩ける道、座れる場所も少ないので

5　産寧坂（さんねいざか）：三年坂（さんねんざか）とも呼ばれる。東山の観光地として有名。清水寺の参道である清水坂から北へ石段で降りる坂道をいう。沿道は文化財保護法に基づき重要伝統的建造物群保存地区として選定されている。

す。こうした地域を一体化しつなげていく必要があります。

　ぼくの狙いは、岩崎邸の公園化と、湯島ラブホテル街を学生風のホステル化すること、神田明神から湯島への道を散歩道にすること、このぐらいできればこのプロジェクトは成功する、そんな話が動き出しています。

　話を割愛した部分もありますが、私がくたびれてしまったあとは、この夢物語のフォローは、私より若い吉見先生にお願いしたいと思います。

座談会：2020年への東京の都市環境と国際都市間競争力

伊藤 滋（エコまち塾長・早稲田大学特命教授）
尾島 俊雄（早稲田大学名誉教授）
吉見 俊哉（東京大学大学院教授）

1――「東京文化資源区」の可能性

吉見　伊藤先生から、徳川家の菩提寺やギブミーチョコレートなど、大変面白いお話がございました。今日は、東京の街を読み解きながら、これから2020年以降に向けた未来をどう考えるかに柱があると思います。

　今日は座談会の司会が私のお役目ですが、伊藤先生のお話に3つだけ付け加えておきます。東京文化資源区の地図は、文京区、台東区、千代田区にまたがっています。この3区をつなぎ、実際の行政区ではない4つ目の区として東京文化資源区という架空の区を作ろうという話です。ポイントとしては、この区域は半径1.5kmにだいたい収まっています。この区域を、実際に明治の文豪・森鷗外は毎日のように、東大から出て秋葉原のあたりまでこの一帯を散歩していました。

　もう一つは、これは私どもが初めて構想したわけではなく、戦後間もない頃、70年も前にこの構想のプロトタイプがあったことです。当時、東大の総長だった南原繁さんと、建築の助教授であった丹下健三さん、そして伊藤先生の先生であった高山英華さんの3人が同じようなことを考えていました。本郷と上野と小石川、湯島をつないで日本のオックスフォードを作ろう、この一帯を新しい大学都市、文教地区にしようと、実際に図面も書いております。私たちは、それを引き継いでいるのです。

　もう一つは、先生のお話から秋葉原が抜けていました。クールジャパンです。漫画、アニメ、若者文化の街である秋葉原がここに加わります。じつは秋葉原と神保町はとても近い。ですから、クールジャパンの秋葉原と書店街

の神保町、湯島天神や湯島聖堂がある湯島、これらが全部つながって、本郷、上野にもつながっていく。これが全部半径1.5km圏内に収まっていることの文化的な重み、厚さを2020年に活用して世界発信していこうという趣旨なのです。ここまでが東京文化資源区の補足です。

2――20世紀型システムの転換

吉見　さて、尾島先生のお話に、東京における自律分散型エネルギーと排熱処理のネットワークの話が出ました。これは、21世紀型の新しいエネルギーネットワークの提案だと思います。この仕組みは、原子力発電所であれ水力発電所であれ、電力の大規模生産拠点があって、遠方からエネルギーが送電されてくるのとは違う仕組みです。じつは19世紀の後半にロンドンには、そのような電力ネットワークが存在していました。そこでは、発電所は基本的に小さかったのです。町のいろいろなところに発電所があって小電力発電をしていて、が基本で、それがネットワーク化されて地域に配電されていた。

　このシステムをガラっと変えたのがエジソンでした。20世紀初頭にエジソンがアメリカで電力会社を興したとき、大量発電で供給する新しい電力システムを勃興させました。このエジソンがつくった会社がGE（General Electric）です。最初は火力発電ですが、やがて大規模な水力発電が興り、遠距離から電力が送られてくる。原子力発電はまさにその延長線上にあります。

　この歴史が集約されているのが、福島第一原子力発電所の問題です。操業を開始したのは1971年で、敦賀原発と美浜原発のすぐあとです。これらのほとんどの設計はGEやウェスティングハウスでした。当時日本にはそれだけの技術力がなかったのです。それで日本は、アメリカの設計をそのまま受け入れてしまった。アメリカは日本のような地震の国ではないから、もともとの設計に津波の想定はない。電力供給施設をなぜあのように低いところに

置いたのか、津波が来ると思わなかったのかと、あとからいろいろな問題が指摘されています。

あれほどの災害が起き、震災から4年が過ぎたわけですが、復興もうまくいっているとは言い難い。私たちはそんな中にいます。何が問題なのでしょうか。南海トラフの巨大地震はいずれ確実に来ると考えられている。首都直下型も相当な確率で来る。本当にそれに備えられているのかというと、極めて疑わしい。

そうしたことを考えてみると、日本の現状には、二つ非常に重要な要因があると思います。

3——過去に学ぶことができていない

吉見　ひとつは、やはり散々議論されているように、縦割りの壁を突破できないという問題です。福島第一原発についても土木と電力と電気と原子炉と、違う系統の人たちのコミュニケーションが全然できていなかった問題が指摘されています。みなさん、自分に与えられた仕組みのなかではかっちりするのですが、それを越えた展望やコミュニケーションの回路を開こうとはしない。

もう一つは過去に学ぼうとしないこと。あれほどの大災害ですが同時にとんでもなく高度な情報社会のなかで起きた震災なわけです。そうするとその東日本大震災で起きた一つひとつの出来事は、例えば携帯電話、スマホのカメラ、マスコミ、地域の消防署などいろいろな情報手段でもってものすごい大量の情報がすでに記録されています。この記録があるのですが、私たちの社会は膨大な記録を活かす統合的な仕組みをつくれていません。その仕組みがつくれれば、東日本大震災つまり東北の震災の経験が、南海トラフあるいは東南海で非常に心配されている地域でもっと生かすことができるでしょう。避難の仕方、避難所の問題や復興のいろいろな問題で、どこで何が起きたのか。今のデジタル技術を使ってすれば過去を活かしてより優れた仕組み

を作れるはずです。

4——エネルギーと文化のリサイクル・循環

吉見　21世紀に何が必要なのかというと、新しいものをどんどんつくっていくことではありません。新しさを追いかけたのは20世紀の発想、つまり資本主義、文明のプロセスでした。大量に均質的なものをつくり、一気にディストリビュート（分配）し、流通させ消費することによってコストを下げていく。しかし、21世紀初頭になってから、このシステムが限界に達しているのだと思います。一気にそれを捨てるわけにはいかなくても、違う仕組みをつくっていくことが必要です。

　違う仕組みとは何か、ひとことでいうと、リサイクルです。新聞紙やレアメタルなど、もののリサイクルだけではありません。私たちの社会の中に、エネルギーから文化まで、どういう風にリサイクルの仕組みをつくっていくことができるのかが、21世紀の東京の、日本の非常に大きな課題なのだと思います。リサイクルというのは、ものが流通してきて皆で使って、はいおしまい、ではなくて、循環していくということです。使ったものが何度も形を変え、もちろんイノベーションも必要ですが、リノベーションも必要です。繰り返し形を少しずつ変えながら使い続けていく、循環させていくことですね。

　エネルギーも循環型、もちろんペットボトルや新聞紙も循環型、それだけではなく、知識や文化も循環型。こういう仕組みをつくっていくことが私たちのすごく大きな課題だと思います。この循環型というのは、どちらかというと少量循環の仕組みになってきます。大規模送電線ではなく、比較的きめ細かな循環のネットワークを都市の中に埋め込んでいくことが必要になってきます。

　今日の尾島先生のお話は、エネルギーの面でのこの循環型社会のひとつのプロトタイプを東京のなかに埋め込んでいこうというご提案であるように思

いました。

　一方、私たちが伊藤先生を中心に「東京文化資源区（Central Tokyo North）構想」でやろうとしているのも、文化資源、つまり文化についての循環型の仕組みをつくろうという構想です。20世紀的な新しさを追いかける大規模な開発システムに対して、そうではなく、21世紀的とも、近世の江戸まで戻るともいえるのですが、すでにある施設やすでにある仕組み、そしてかつての街の記憶をもう一度ここに甦らせていく、使っていくということをやろうとしているわけです。

　まずはそんな解釈を前提に、両先生からコメントをいただきたいと思います。尾島先生、いかがでしょう。

5——都市におけるエネルギーの循環

尾島　心地よく話を聞かせていただきました。おっしゃる通りですね。

　都市におけるエネルギーの循環、熱供給という面では、ヨーロッパの都市が参考になります。パリは今から100年程前から始めて完膚なきまでに完成しています。パリは20 kgf/cm² 程度の蒸気のネットワークで供給しており、これはニューヨークのマンハッタンも同様です。ドイツは地域暖房を優先したもっと低い温度の温水供給のネットワークが多く、それぞれの国、都市によって、電力や熱供給の発達の形態によって特徴づけられています。

　東京の多くの地域暖房は1970年代から始まったもので、公害防止条例の関係で10 kgf/cm² 前後の蒸気をベースにしています。この熱供給事業は電力、ガスに次ぐ3番目の公益事業として始まっています。ですから、電力、ガス、熱供給などエネルギー供給の上水側だけは発達しました。しかし余ったエネルギーはすべて熱になります。

　その下水側、つまり熱を捨てるための排熱系のパイプライン、ネットワークがないのです。そうなると冷却塔を使うことになる。冷却塔で熱を捨てるとその周りの空気が暖められてヒートアイランドの原因になるということで

す。熱を空気中からとって海に捨てにいくのは大変なことです。

6──東京に排熱のパイプラインを

尾島 むしろ東京では、100℃以上の蒸気でなく、60℃あるいは80℃くらいのパイプラインを張り巡らせれば、コジェネを分散させることができるし、ゴミ焼却場の排熱や各種の都市排熱が有効に利用できることになります。

今、残念ながら東京の電力・ガスの使われ方の効率は世界最悪です。1軒1軒を見れば、電気、ガスそれぞれ最も効率のよい機器を使っているけれども、トータルのエネルギー利用はそうなっていない。暖房のための、あるいはお風呂の加熱のための給湯は、一次エネルギーに換算すると5割ぐらいですよね。そのためにどのようなエネルギー源を使うかは、大きな選択です。熱をいかに上手に使うかはまさに文化なのです。伊藤先生のおっしゃる下町文化、谷根千文化も、ある意味で非常に高度な生活文化ですよね。もてなしにしても食事にしても。

日本は機器効率については最高によいものをつくっています。吸収冷凍機は日本独特のもので、80℃の熱源で冷房するものなんて世界で日本だけですよね。機器は日本が最先端です。問題は使われ方、先ほどのGEの話ではないですが、いろいろなものが借り物だったのです。生活文化として、熱エネルギーの使われ方にしても、それこそ行水するような温度をうまく排熱を利用するぐらいのところまでいけば、このエネルギーに関しても日本は最高のレベルになる。それだけのものを日本は持っていますから。しかしいきなりこのネットワークでやろうとするとかなり無理があるから、中途半端に$10\,\mathrm{kgf/cm^2}$にしてしまったのですね。

10℃の給水温度で25℃ぐらいの水泳プールの温度に上げるなら、新江東清掃工場の排熱で十分です。新しくアクアテックセンターをつくるのでしたら、江東の水泳プールはぜひともそういうゴミ焼却場の排熱を使ってほしい。江東まで延びれば有明まで、有明まで延びれば晴海まで延びます。そし

たら銀座の三十間堀まできて、そういうエネルギーの使い方なら東京建物さんも採算が合うから参加しましょうとなるかもしれません。だからその辺のところは非常に悩ましいところです。

7——積層材に見る日本独特の技術力

吉見　尾島先生から低温排熱の利用の話がありました。これは他のリサイクルにもつながると思うのですが。

伊藤　尾島先生のお話は、日本人がリサイクルに対してどれぐらい適性を持っているかということにかかわってきます。僕は相当なことができるのではないかという気がしています。

　例えば木材について考えてみます。木材は、今いろいろな使われ方がされていますが、日本人はすごいと思うことがあります。昔は大径木の大きな60-70年たって、直径が目通り1尺という大きな木から、大黒柱や梁をとって住宅をつくっていました。最近はそういう常識はありません。むしろ積層材をつくって合成梁として住宅づくりに使っています。この技術はすごいですよ。床材を積層材（プライウッド）でつくる場合には、1mm幅にスライスしてそれを糊付けするのです。これは日本独特の製品ではないかと思います。この技術が一般化すれば、スギ、ヒノキでも30年生ぐらいで、下から上までまっすぐしたものを集めればいい。この30年生ぐらいの木は、かつて大きな樹を育てるために、人工林で間伐材としてきりすてていた材料です。それを拾い集めて、立派な柱や梁にしているのです。これはリサイクルです。

　30年ぐらいの樹木を積層材にするという技術が確立すれば、森林の植栽から製品化までの回転が速くなります。リサイクルが速くなるということです。そうすると、マーケットが忙しくなる。どこで育った木でも30年ぐらい経ったら使えるという話になる。そうなると、ここからが面白い話になります。昔は三寸五分とか四寸の柱を立てて、梁桁をきちんと組み立てる軸組

工法で家をたてるのが主流でしたが、現在はかつて役に立たないとされていた小径木も立派な構造材として使っているわけですから、樹木の歩留まりが高くなる。かつては切り捨てて山にほうりだされていた樹木が立派に製品になっていくのです。そして最近は、家屋をこわしたあとの古材も、バイオ燃料として使われるようになりました。

いいたいことは、技術の進歩が木材のような古い製品の市場でも無駄を排除し、再利用をうながすようになってきたということです。この積層材の技術が、日本のこれからの森林を元気にしていくと期待しています。

積層材の技術は、あんなに薄いカッティングをよくはりあわせるなというぐらい精緻です。3つ重ね、5つ重ね、7つ重ね、それぞれ全部材料の使い方が違う。3つ重ねは外壁の下地に使う、5つ重ねは床板に使う、7つ重ねは梁桁に使う。この積層材による住宅建設を、私は阪神淡路大震災のときに初めて見ました。あれからたかが20年間に、それほど技術が発達した。これは、日本独特ではないかと思う。これもリサイクルを世の中に広めていく新しい技術ではないかと思います。リサイクルは、技術の進歩がその裏打ちにあるときにうまくいくと思っています。このやり方は日本人に一番向いていると思う。

8——社会的システムとして構築するリサイクル

吉見　伊藤先生にお話しいただいたとおり、個々の技術のレベルでは日本はリサイクルを発達させていく能力があり得意です。

これは印象ですが、文化資源区にしても神保町とか湯島とかに飲みに行くと感じることですが、最近お洒落な店とされているのは、ボンと新しく建てた店ではなく古い民家をリノベートして中を改装した店です。ここ10年程でものすごく増えました。昔の木造やレンガ造りを残しながら改装していく。その辺のリノベーション技術はものすごくよくなっている。それから、少し前になりますけれども古着です。もともと江戸時代から衣服のリサイク

ル技術は非常に発達してきました。それが最近はビンテージといわれて、海外でも話題になっています。

　それからもっと文化的なメディアのレベルでいえば日本のアニメ、漫画文化の大きな原動力のひとつはコミケット（コミックマーケット）です。若者、いわゆるアマチュアが、すでにパブリッシュされている、コピーライトの問題ギリギリの線で、すでにあるもののパロディや組み換えで二次創作し、クールジャパンの原動力が生まれているわけです。これも一種のリサイクルです。

　このようなリサイクルにしても、個々のレベルでは上手だと思うのですが、社会システムとして構築するという、個から全体にいく部分が日本人は苦手なんですね。だから先程の排熱利用についてもパリやニューヨークではずっと前からできているが、東京ではできないとか、文化資源区の一つひとつのお店やミュージアムは素晴らしいけれど地域全体のデザインができない。

　地域や都市、社会全体をデザインし直していく力にしなければいけないのですが、これができるかどうか。まさに都市計画、都市工学だと思いますけれど。そのためには、もうひとつ飛び越えなくてはいけないハードルがある気がします。伊藤先生、いかがでしょうか。

9——建築基準法が抱える課題

伊藤　ここで、ひとつ指摘しておきたいことがあります。建築基準法のもつ課題です。よい意味と悪い意味、両方ある。

　よい意味では、建築基準法の執行力によって、日本の低層2階建ての建築物は極めて質がよくなってきています。これはハウスメーカーの技術水準がどんどん上がってきているために、一般工務店も勉強して追いつかないとお客さんがこないという状況があるからです。一般工務店もきちんと書類をつくってきちんと施工するようになった。そういう工務店がだんだん増えてきて、木造2階の建築物は、戸建て住宅もアパートも極めて質が良くなりまし

た。

　しかし問題もあります。木造市街地でよくおきる根本的な問題は、改築と建築敷地です。木造建築物の改築は確認申請を必要としません。極論すると、改築は柱1本残せば、あとは自由につくれるともいわれています。例えば、吉祥寺駅前のマーケット街は以前は闇市みたいにみすぼらしいところでしたが、このような改築をかさねてきたことで、今は一応商店街らしい形を整えることができました。しかし、この商店街の建物はまさに改築で、武蔵野市役所に確認申請は出してないと思います。柱1本残せば全部変えることもできるのです。そういうことが常識として通ってしまっている建築基準法のあまさが、我が国特有の木造密集市街地にあるのです。

　ですから、私は木造密集市街地をよくするためには、確認申請が必ず必要になるRC造の建物に木造建築物をきりかえていくべきだと主張しています。このような私の主張のうしろにある問題は、低層住宅専用地域以外の用途地域では、建築敷地の規模に何らの制限も設定されていないことにあります。敷地や規模が小さくなると、どうしても実際に施工する場合には、確認申請の書類上の建蔽率よりも大きくなってしまいがちです。その結果何がおきるかというと、集合体としてのまちが、建蔽率がずっと高くなって隣棟間隔が狭くなってきます。これは大問題で、隣棟間隔が狭くなると延焼のおそれがある。

　せっかく個々の技術がよくなっても、隣棟間隔が基準法を守ってもらえなかったら、その建築技術の進歩が無駄になってしまう。個々の技術がよくても、その集合体で見たときのシステムがうまくいかないということが起きています。そんなことをこれから考えていかなければいけない。

10——建築の自由の名のもとに責任を
尾島　伊藤先生のお話に加えたいことがあります。私がずっと言い続けていることですが、PL法ってありますよね。Product Liability、製造物責任

法です。例えば車は徹底的に製造物責任を問われますよね。トヨタやホンダが、何かちょっとした事故があっても徹底的に責任を問われます。けれど、建築は問われません。あくまでそれはProduction（製造物）ではなく、Construction（構造物）なのだと。建築は一品生産で、あくまで現場生産だからProductionではないということで、PL法の適用を除外されています。建築物は建築基準法という世界一厳しい法律に基づいて設計し、お国が建築主事によって受け取りましたという確認をしますから、全部国が責任を持つということで、免罪符を発行しています。だから阪神大震災のときに建物が潰れても、設計者も施工者も責任を取る構造になっていないのです。

　先に学術会議の勧告についてお話ししましたが、その折も建築基準法をやめてもらいたいと要望したのです。イギリスはサッチャー政権後の1992年に廃止しています。地方条例に変え、地方がそれぞれの安全を確保するということで建築基準法をやめたのです。

　勧告は、個々の建物は施工者が責任を持つ、建築界も建築の自由の名のもとに責任を持つことにしましょうと。現状では地震保険制度が効かないわけですよね。何故なら金融庁が許可しないからです。建築基準法がある限り国が責任を取っているから保険制度はナンセンスだといって動かないのです。火災保険は消防庁があるから通っているけれど、地震保険はほとんど掛けられない。そうした代りに建築基準法が改正強化されてきて、法律書はどんどん分厚くなるばかりです。しかもそれを3年に1回一級建築士が受講しなければいけない。こうした点が大きな課題です。

11──「東京文化資源区」と「排熱導管ネットワーク」
吉見　両先生にご意見を聞きたいことがあります。これまでのお二人のお話で顕著に違う点があります。そのご見解をお伺いしておきたいのです。
　皆さんにもう一度、二つの地図を見ていただきたいのです。ひとつは東京文化資源区の図です（p.147）。一ツ橋、神保町から始まって秋葉原、湯島、

本郷、上野、谷根千まで行きます。次に、東京の排熱導管のネットワークの図です (p.140)。湾岸、品川、渋谷、六本木、霞が関、新宿、日本橋、池袋までいきます。このふたつの地図を比べてみるとおわかりだと思います。重なった地区がほとんどありません。これをどう考えるかということです。今までお話いただいたエネルギーのリサイクル、文化のリサイクルという話をどう繋ぐか、そこに絡んでくると思いますので、お二人からお願い致します。

伊藤　尾島先生のいわれた東京湾岸と都心地区は、建築需要が極めて高い、東京市街地のなかでもエリート地区です。この地域のエネルギー循環については、そこに立地する大企業や大学、大病院が一生懸命考えて、街づくりに反映されています。その都心地区の省エネルギー化については、ある程度の見通しがたてられています。一方、私の示した Central Tokyo North のような、庶民の小さな住宅が建て込んでいるところの省エネルギーの見通しは極めて難しい。けれども私はこうした地域でも尾島先生が示したようなリサイクルシステムがこれから姿をみせるようになるかと思っています。

ひとことでいえば、古いマンションや戸建て住宅はできうる限りとりこわし、新しい建物につくりかえることです。もしそれが難しければ、いずれ建物を改修することになります。その際に、窓の二重化、貯湯槽の設置、床の断熱化等、CO_2 削減にもっとも必要な 2、3 の改良工事を常態化することができれば、住宅市街地の CO_2 削減を大きく前進させることができます。

問題はどうすれば常態化できるかということです。この役割を担うのは、建主ではなく、建築の設計と施工を引き受ける建築の専門家側にあると考えます。とにもかくにも建築の質を高めること、安普請の住宅は絶対につくらないことを遵守することです。

尾島　伊藤先生がおっしゃる庶民の小さな住宅という意味ではもっと身近な問題もあります。東京都は薪ボイラーを禁じていますよね。庭で剪定したものを燃やすことも禁じています。薪を薪屋で売ったら罰金になるそうです。もう一回東京で剪定した落ち葉ぐらい燃やせるようになれば、文京よりもっ

と向こう、台東の方は、本来はチップなど、薪ボイラーをちゃんとやるとか落ち葉を燃やすとか、頑張ってくれる文化地区じゃないかと思うのです。

12——「建蔽率」と「容積率」
伊藤　これからの東京を語るとき、この話題抜きには東京の将来が語れない建築物があります。それは準工業地域と近隣商業地域にたてられている、いわゆる鉛筆ビルです。

　鉛筆ビルは小規模な雑居ビルで、大部分が昭和の年代の後半にたてられている古いビルです。CO_2削減といった環境改善に対応できないビルです。敷地の規模は30 m^{2}から100 m^{2}くらいまでで、このような零細な雑居ビルがたち並ぶ街並みで、これらのビルを2、3軒まとめてより大きなビルに改築する"小さな再開発"がこれから必要になってきます。小さな古いビルのままでは、CO_2削減や防災対策といった環境改善ができないからです。

　このような"小さな再開発"を広くおし進めるためには、二つの都市計画的対策が必要になります。ひとつは、隣接する2、3軒の雑居ビルのオーナーに再開発の話をもちかけて、事業化する仲介役です。この役目をかつては都市整備機構が担っていました。私はそのほかにも都市計画のコンサルタントや、再開発のコーディネーターがその役割を果たすべきであると考えています。ふたつめは、その小さな共同化を進めるための動機付けです。そのためには、この小さな再開発の事業費の一部を、税法上の損金として取り扱い、税の削減を行うということが考えられます。

　建物の建て替えについていろいろ話をしてきましたが、要は戦後70年たっていても、最後の粗製濫造であった"昭和の建築物"がまだ都市の中に残っており、それらを"平成の環境と防災を意識した建築物"につくりかえる努力をしない限り、我が国の都市が世界で胸を張れる存在にはならないということです。

13——大都市政策のパラダイム転換を

吉見　最後にひとつ加えますと、今日の座談会はどこかで2020年の東京オリンピックを意識していると思います。尾島先生の講演に出てきた日本学術会議の2005年の声明「生活の質を大切にする大都市政策へのパラダイム転換」は、ものすごく大切ですね。

　日本の社会は、すでに確立した仕組みを細かく精緻にしていくのは得意ですが、そのモデルそのものが間違っているということを考えたがりません。1964年の東京オリンピックはたしかに成功体験でしょう。しかし、そのモデルが2020年にも正しいとは、全然言えません。同じモデルでもう一回やっていこうとすると、とんでもない失敗を生じさせる可能性があると思います。この60年間の経過の中で、時代も社会も国際情勢も、世界そのものの価値軸が変化しているわけだから、全然違うモデルを2020年に向けて立てなければいけないのです。それが、今の日本にはできていないのです。

　今日の話を司会者としてまとめてみますと、1964年のモデルは基本的にDevelopmentであり、成長であり、経済的豊かさを目途としたモデルでした。一方、2020年にひとつキーワードになりうるのは、エネルギーにしても文化にしても、リサイクルです。東京オリンピックをきっかけに、2020年代以降、リサイクルしていきながら地域の資源をうまく使っていく、新しい社会の形をどうやってつくっていくかというのが課題になっていくのではないかと思います。

　さきほどの日本学術会議の声明に「生活者に身近な水辺と緑地を公共の安全と福祉を増進する重要な都市インフラと認識し」とありますが、東京文化資源区の不忍池はまさにこれです。台地のなかにも水辺がある。そうしたインフラを、エネルギーから文化までについて再生してくことが、2020年に向けた大きな課題です。

あとがきに代えて──エコまち塾を支えてくださっている皆様へ

　エコまち塾の企画・運営は、一般社団法人エコまちフォーラムが行っています。同社団は、既成市街地の低炭素化を進めることを目的として、本書にも登場する村上公哉（理事長）、髙口洋人（副理事長）、小澤一郎（顧問）に、中丸正（専務理事）を加えた4名が発起人となり、東京建物など、法人・個人の協力を得て設立されました（2013年1月に一般社団法人中小既築建築物省エネ化フォーラムとして設立、2015年1月に改称）。そして2013年5月より、東京スクエアガーデンの事業主が設置したエリア・エネルギー・マネジメント・センター（東京スクエアガーデン6階京橋環境ステーション内）を拠点として活動を行っています。

　その活動は、中小ビルオーナーを対象とした省エネ化・省CO_2化の助言から、自治体の低炭素化支援まで幅広く、エコまち塾もその一環として始めた取組みです。既成市街地の低炭素化という難しい課題に対して、さまざまな知見を集め、社会全体で解決策を考える。そのような場がつくれればとの思いから始めたことに、斯くも多くの先生方や諸団体の皆様、そして塾生をはじめとする受講生の皆様のご賛同をいただくことができたことは、私たちの喜びでもあり、また未来への希望でもあります。今後、このような活動の輪がさらに広がっていくことを大いに期待しています。

　末筆ながら、お忙しいなかご講演をお引き受けくださいました講師の先生方、ご後援を賜りました諸団体の皆様、全面的にご協賛くださいました東京スクエアガーデンの事業主各社様およびエコテクカン出展企業の皆様、そして夕方のお疲れのなかご参加くださいました塾生および一般聴講生の皆様に、この場を借りて深く感謝申し上げます。また文字おこしをしていただきました皆様、編集スタッフの皆様、お疲れさまでした。

2016年3月
一般社団法人エコまちフォーラム　一同

著者略歴

伊藤 滋（いとう しげる）
エコまち塾長・早稲田大学特命教授、工学博士
専門は都市防災論、国土及び都市計画。1955年東京大学農学部林学科、同工学部建築学科卒業、同大学院博士課程修了。1981年東京大学都市工学科教授、慶應義塾大学環境情報学部教授を経て、2002年早稲田大学教授。東京大学名誉教授、日本都市計画家協会会長、日本地域開発センター会長、国土審議会、都市計画中央審議会委員など。

尾島 俊雄（おじま としお）
早稲田大学名誉教授、建築保全センター理事長、都市環境エネルギー協会理事長、工学博士
専門は建築・都市環境工学。1965年早稲田大学大学院理工学研究科博士課程（建築学）修了後、1974年早稲田大学理工学部教授を経て、同工学総合研究センター所長、2000年同理工学部長。日本建築学会会長など。

江守 正多（えもり せいた）
国立環境研究所 地球環境研究センター 気候変動リスク評価研究室長、博士（学術）
専門は地球温暖化の将来予測とリスク論。1997年東京大学大学院総合文化研究科博士課程修了。同年、国立環境研究所に勤務。2006年現職。気候変動に関する政府間パネル第5次評価報告書主執筆者。環境省中央環境審議会専門委員、文部科学省科学技術・学術審議会専門委員、日本学術会議連携会員など。

中上 英俊（なかがみ ひでとし）
住環境計画研究所代表取締役会長、博士（工学）
専門はエネルギー・地球環境問題、地域問題。1973年東京大学大学院建築学専門課程修了。同年、住環境計画研究所を創設、2013年現職。ESCO推進協議会代表理事、東京工業大学統合研究院特任教授、経済産業省総合資源エネルギー調査会 臨時委員、環境省中央環境審議会専門委員など。

末吉 竹二郎（すえよし たけじろう）
国連環境計画 金融イニシアティブ特別顧問
専門は金融と環境問題。1967年東京大学経済学部卒業。同年、三菱銀行（現・三菱UFJ銀行）入行、ニューヨーク支店長、東京三菱信託（NY）銀行頭取を経て、1998年日興アセットマネジメント副社長。2003年現職。「金融と環境問題」をテーマに金融の在り方やCSR経営等について、講演、著書等で啓蒙に努める。

佐土原 聡（さどはら さとる）
横浜国立大学大学院都市イノベーション研究院都市イノベーション部門教授、工学博士
専門は都市環境工学。1985年早稲田大学大学院理工学研究科建設工学専攻単位取得退学。2000年横浜国立大学大学院工学研究科教授、同環境情報研究院教授を経て、2011年現職。日本建築学会環境工学委員長、日本都市計画学会理事、都市環境エネルギー協会研究企画委員長、横浜市環境影響評価審査会会長など。

村上 公哉（むらかみ きみや）
エコまちフォーラム理事長、芝浦工業大学工学部建築工学科教授、工学博士
専門は建築・都市環境設備計画。1991年早稲

田大学大学院理工学研究科建設工学専攻博士課程修了。同年日本学術振興会特別研究員、1993年早稲田大学理工学総合研究センター講師、同助教授を経て、1998年芝浦工業大学工学部建築工学科助教授。2005年現職。

髙口 洋人（たかぐち ひろと）
早稲田大学理工学術院創造理工学部建築学科教授、博士（工学）
専門は住宅、既築建築物の性能向上、省エネルギー・新エネルギー技術導入戦略。早稲田大学講師、九州大学特任准教授、早稲田大学准教授を経て2012年より現職。日本建築学会関東支部常議員、地球環境委員会サステナブル社会移行手法検討小委員会主査、アジア都市環境学会理事、日本景観学会理事。

川瀬 貴晴（かわせ たかはる）
千葉大学大学院工学研究科建築・都市科学専攻教授、博士（工学）
専門は建築環境、設備。1976年東京大学大学院工学研究科建築学専攻（修士）修了。同年日建設計入社、2000年設備統括部長。2003年千葉大学大学院自然科学研究科教授を経て2007年現職。経済産業省総合資源エネルギー調査会省エネルギー基準部会住宅・建築物判断基準小委員会委員長など。

小林 光（こばやし ひかる）
慶應義塾大学大学院特任教授、博士（工学）
専門は環境経済政策、エコまちづくり。1973年慶應義塾大学経済学部卒業、2009年東京大学工学系研究科修了。1973年環境庁（現・環境省）に入庁。総合環境局長、官房長等を経て、2009年環境事務次官。2011年慶応義塾大学大学院及び環境情報学部教授、2015年4月から現職。

小澤 一郎（おざわ いちろう）
都市づくりパブリックデザインセンター 理事長、日本都市計画学会 低炭素社会実現に向けた特別委員会 委員長
専門は都市計画。1968年東京大学工学部卒業後、建設省入省。建設省大臣官房技術審議官、都市整備公団理事、JFEスチール特別顧問等を経て、2004年早稲田大学理工学総合研究センター客員教授。日本都市計画学会副会長、千代田区参与など。

吉見 俊哉（よしみ しゅんや）
東京大学大学院情報学環教授
専門は社会学、都市論。1957年、東京生まれ。東京大学大学院情報学環教授。同教養学部教養学科卒業。同大学院社会学研究科博士課程単位取得退学。2006–08年度に同大学院情報学環長、2010–14年度に東大副学長、同教育企画室長等を歴任。主な著書に、『都市のドラマトゥルギー』（河出文庫）、『博覧会の政治学』（講談社学術文庫）、『万博と戦後日本』（講談社学術文庫）、『親米と反米』（岩波新書）、『ポスト戦後社会』（岩波新書）、『大学とは何か』（岩波新書）、『夢の原子力』（ちくま新書）、『アメリカの越え方』（弘文堂）など多数。

[協賛]	[講義録制作]	齋藤康	藤本真一
東京建物	青柳恵美子	塩崎繁留	古宮弘智
第一生命保険	石田光生	篠崎由果	林文恵
片倉工業	石田康明	庄司佳子	前川哲也
清水地所	伊東敬	菅原晴樹	枡川依士夫
清水建設	伊藤雅人	鈴木綾子	三上和実
ジェイアンドエス保険サービス	井上有弘	鈴木一成	八木滋典
朝日工業社	今井玄哉	鈴木博文	山川文子
きんでん	岩上智裕	関成雄	大和信雄
スミノエ	岩倉秀雄	高野昇	横山信二郎
高砂熱学工業	江口あつみ	竹井斎	横田英靖
ニチベイ	江黒正男	當山隆弥	吉田圭成
日立製作所	小畑哲哉	富高賢仁	
日比谷総合設備	加藤範子	友本貴士	[企画・編集]
不二サッシ	加藤芳邦	長澤幸治	伊藤滋
LIXIL	鴨川正次	長澤漠	江崎香織
	喜納愛子	那須原和良	小澤一郎
	木下一達	西野隆士	川嶋勝
	倉田貴文	西村雅史	髙口洋人
	栗原昭広	根岸秀光	中丸正
	小嶋徹	原田忠行	藤井顕司
	小早川智明	吹抜陽子	村上公哉
	近藤武士	福原那津子	山川三世

エコまち塾

2016年5月25日　第1刷発行

著者：
伊藤 滋＋尾島 俊雄＋江守 正多＋中上 英俊
末吉 竹二郎＋佐土原 聡＋村上 公哉＋髙口 洋人
川瀬 貴晴＋小林 光＋小澤 一郎＋吉見 俊哉

編者：エコまちフォーラム

発行者：坪内文生

発行所：鹿島出版会
〒104-0028　東京都中央区八重洲2-5-14
電話03-6202-5200　振替00160-2-180883

造本：渡邉 翔

印刷・製本：三美印刷

© Eco-Machi Forum 2016, Printed in Japan
ISBN 978-4-306-07324-1 C3052

落丁・乱丁本はお取り替えいたします。
本書の無断複製（コピー）は著作権法上での例外を除き禁じられています。
また、代行業者等に依頼してスキャンやデジタル化することは、
たとえ個人や家庭内の利用を目的とする場合でも著作権法違反です。

本書の内容に関するご意見・ご感想は下記までお寄せ下さい。
URL：http://www.kajima-publishing.co.jp/
e-mail：info@kajima-publishing.co.jp